母へ。

●はじめに

鳥や蝶を題材にした著者《ライター》は幸せであると思う。彼は、愛鳥家や蝶マニアを読者として期待できる。また、何よりも彼の読者は、鳥や蝶が、おおよそどんな生きものであるかは知っていてくれる。

ところが、この本はアブラムシについてのものである。私はまず、アブラムシがゴキブリではないということから始めなければならない。そして次に、バラや庭木の害虫である彼らを退治すること以外に、アブラムシについて語ることがあるのか、という嫌疑に対して反論しなければならない。

これから紹介するアブラムシは、〝社会〟を形成している。彼らの小さな社会においては、親と似ていない奇妙な恰好をした幼虫が出現する。このアブラムシの鬼子《おにご》たちが、本書の主人公である。

これらの幼虫の存在理由は何だろうか?

第一章で私は、足が太く口吻《こうふん》の短い、カニムシのような幼虫の意味と運命を追いかける。第二章では、頭に鋭いツノのある、ツノアブラムシの幼虫について述べる。第三章では、半世紀も前に報告されていたにもかかわらず、その後忘れられてしまった〝人刺しアブラムシ〟の謎に挑戦する。第四章では、彼らの発見を振り返り、またアブラムシ社会の研究者として、社会生物学《ソシオバイオロジー》とのかかわりについて述べることにする。

そして、最終章は「みにくいアヒルの子」と題した。レトリックではアンデルセンにかなうまいが、この章のアブラムシが産む〝醜い〟幼虫は、白鳥の子供よりはずっと不思議な運命をたどる。

科学がしばしば物語《フイクシヨン》よりも奇異であるのは、人間の想像力が、説明困難に見える問題に立ち向かうことによって、鼓舞されるからなのであろう。

なお、巻末には専門用語の解説を付しておいた。

兵隊を持ったアブラムシ●目次

1 ケヤキの葉縁に形成されたボタンヅルワタムシのゴール。

[2]タケツノアブラムシを食べるタイワンオオヒラタアブの幼虫。
(大原賢二氏提供)

3 ウラジロエゴノキアブラムシのゴール。ゴール表面にコショウのように見えるのは兵隊である。（木内信氏提供）

4 ドロオオタマワタムシの成熟したゴール。アブラムシの重さで葉は垂れ下がり、ゴールの外面にも幼虫が現われている。

兵隊を持ったアブラムシ

第1章　兵隊を持ったアブラムシ

最初の出会い

一九七二年の秋の一日、私は四国を旅行していた。アブラムシの一グループであるワタムシ（綿虫）類の採集のためである。その日は落出《おちで》という田舎町に宿を決め、荷物を軽くし、付近の山道へ入っていった。おり悪く、曇り空から小雨がパラついてきた。

ふと私は、目の前の一本のアキニレに綿のようなものが付着しているのに気がついた。いや違った。アキニレにではない。アキニレにからみついているツル植物にくっついているのだ。目を近づけて、〝綿〟の正体がわかった。たくさんのアブラムシが、見事に真白なコロニーを形成しているのである（図表1）。

しめしめ、これは目当てのワタムシの仲間だろう。剪定《せんてい》バサミでツルを切り取り、植物ごとアブラ

■図表 1：綿のようなボタンヅルワタムシのコロニー。

ムシをアルコールの入った小ビンへほうり込んだ。

後に、この植物はキンポウゲ科のボタンヅル（図表2）、虫のほうはボタンヅルワタムシということがわかった。この虫との最初の出会いだった。

私は北海道大学農学部昆虫学教室に籍を置く大学院の一年生で、アブラムシの分類学者を目指していた。アブラムシといってもゴキブリではなく、セミやウンカと同じ半翅《はんし》目《もく》に属する昆虫である。バラや鉢植えの植物にうわぁっとたかっている、あの小さな虫、といったほうがわかりが早いかもしれない。彼らの口器には口針《こうしん》と呼ばれる細いストロー状の管《くだ》がおさまっており、この管を植物に差し込んで汁液を吸う。そして、尻から糖分を含んだ甘いべとべとした排泄物をたれ流す。それゆえアブラムシというそうである。

アブラムシの仲間は、日本だけで約八〇〇種が知られている。私が分類の対象として選んだのは、アブラムシのなかでもワタムシ類（正確にはタマワタムシ亜科）と呼ばれるグループである。彼らは、体

■図表 2：ボタンヅル。

表からワックス（ロウ物質）を分泌し、綿でおおわれたようなコロニー（集団）をつくる。

北海道に住んだことのある人なら、だれでもユキムシ（雪虫）を知っているだろう。秋も深まった風のない夕方に、無数の小さな白い虫がいっせいに飛び出す。濃紺の体に純白のワックスをまとい、重たそうな体をふんわり漂わせるその姿は、冬の訪れを告げるものとして北国の風物詩になっている。彼らこそ翅《はね》をつけたワタムシの仲間なのだ。井上靖の小説の表題となっている「しろばんば」（白婆）もユキムシと同じものだ。

チョウや美しい甲虫をやらないで、なぜワタムシの分類を、なぜアブラムシなどやるようになったかを問われると、私はいつも答に窮してしまう。人間の選択にいちいち確固とした理由などあるわけがない。子供の頃は甲虫がズラリとせいぞろいした標本箱にあこがれていた。しかし、いつのまにか、あのナフタリンの臭いとも縁が切れてしまった。

アブラムシの分類研究を遂行するための標本作り

は、虫をピンで刺して標本箱に並べるという通常の昆虫の場合と、だいぶ様子が違っている。

まず、アブラムシはアルコール漬けにして持ち帰る。そして、彼らを一〇パーセントの苛性カリ水溶液で煮る。こうすることによって、アブラムシの内容物を溶かし、キチン化の強い外骨格のみを残す。つまり、アブラムシは中味のない〝袋〟となってしまうのである。この〝袋〟をスライドグラスにのせ、バルサムなどの封入液を用いてプレパラート標本にする。こうしてできた標本を顕微鏡でのぞき、あれこれと形態をチェックするわけだ。アンテナ（触角）の長さはどれほどか、腹部第七節背《はい》板《ばん》には毛が何本生えているか、など。

奇妙な幼虫

さて、採集旅行から帰った私は、せっせと採集品のプレパラート標本を作り、顕微鏡で形態を調べていた。そして、落出で採集したボタンヅルワタムシのプレパラート標本を検鏡した時、その中に、何とも奇妙なものを見つけて驚いた。

ワタムシの仲間はコロニーを形成するから、一度みつければ多数の標本が手に入る。これを一匹一枚のプレパラート標本にしていたのでは不経済なので、特別の目的がない限り、小さなものは複数個体を一枚のカバーグラスの下に並べて封入してしまう。こうして作った一枚のプレパラート標本の中に、何やらダニのような、いや、どちらかというとカニムシに似た、アブラムシの幼虫のようなものが混じっていたのだ（図表3—右）。

ともかく奇妙なのだ。ボタンヅルワタムシも、普通のアブラムシと同じく、親になるまでに四回脱皮する。このカニムシのような幼虫は一ミリ足らず、大きさからすると一令程度だが、ボタンヅルワ

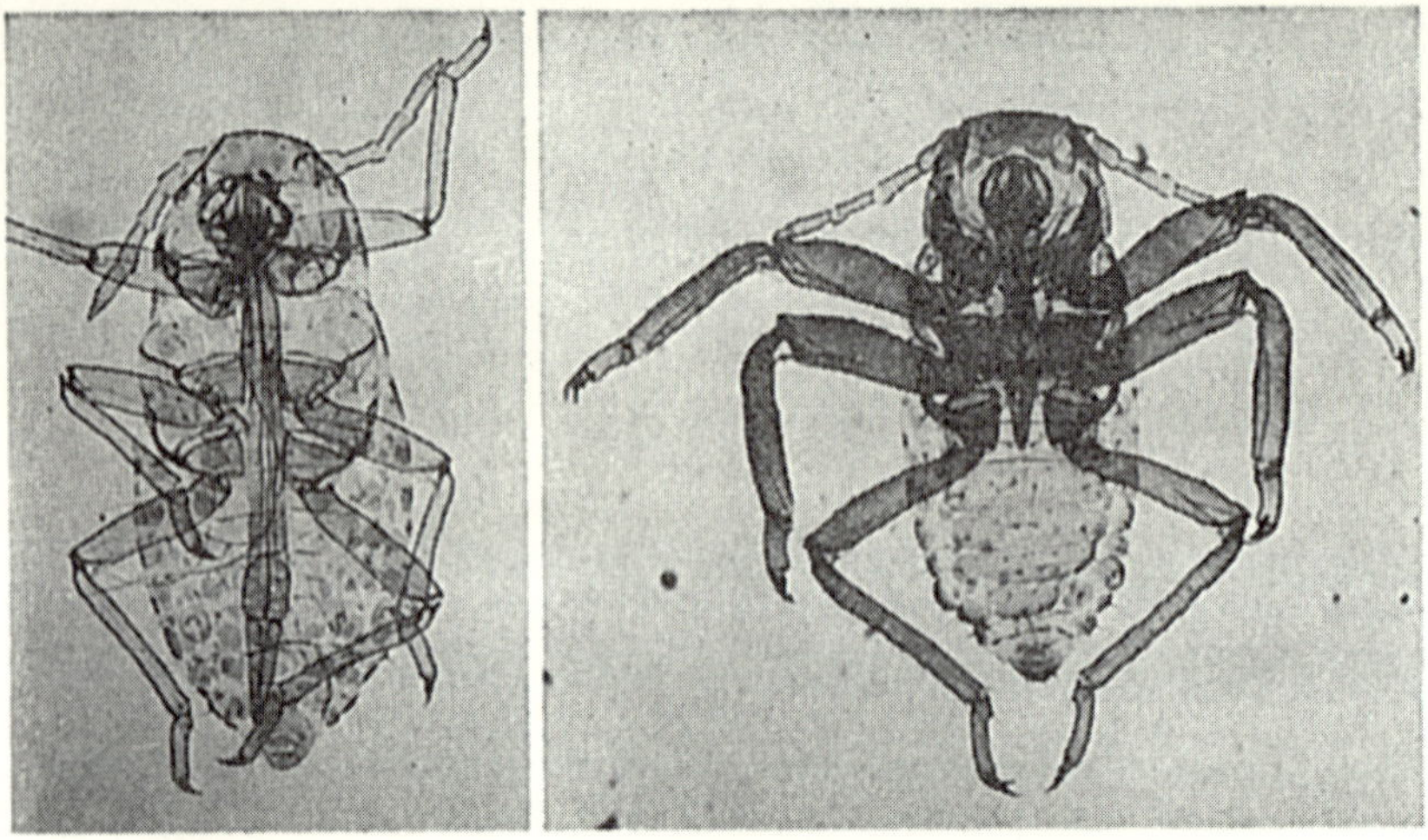

■図表 3：ボタンヅルワタムシの奇妙な短吻型幼虫（右）と普通の1令幼虫（左）。

タムシの一令幼虫は別にちゃんとした恰好のものがいるのだ（図表3—左）。とすると、何かの手違いで、他のサンプルから別種のアブラムシの幼虫がまぎれこんだのだろうか。

しかしそれは、すぐにそうでないことがわかった。アブラムシは胎生である。したがって、アブラムシの母親は、よく発達した胚《はい》を体内に、卵巣の中に、持っている。ボタンヅルワタムシの母親のお腹を調べたところ、普通の幼虫の胚に混じって、この奇妙な幼虫の胚が見つかったのだ。それも、同一の母親からである。嘘だろう、といわれれば、見ていただくしかない。生まれる間際の胚はキチン化が進んでいるから、その外骨格はプレパラート標本にしても母親の体内に残る。一匹の母親の体内に二種類の幼虫が入っている光景は、何とも異様である。

この奇妙な一令幼虫を〝短吻型《たんふんけい》〟幼虫と呼ぶことにしよう。普通の一令幼虫との形態の違いを要約すれば次のようになる。

まず第一に、体のキチン化が強く腹部はひきしま

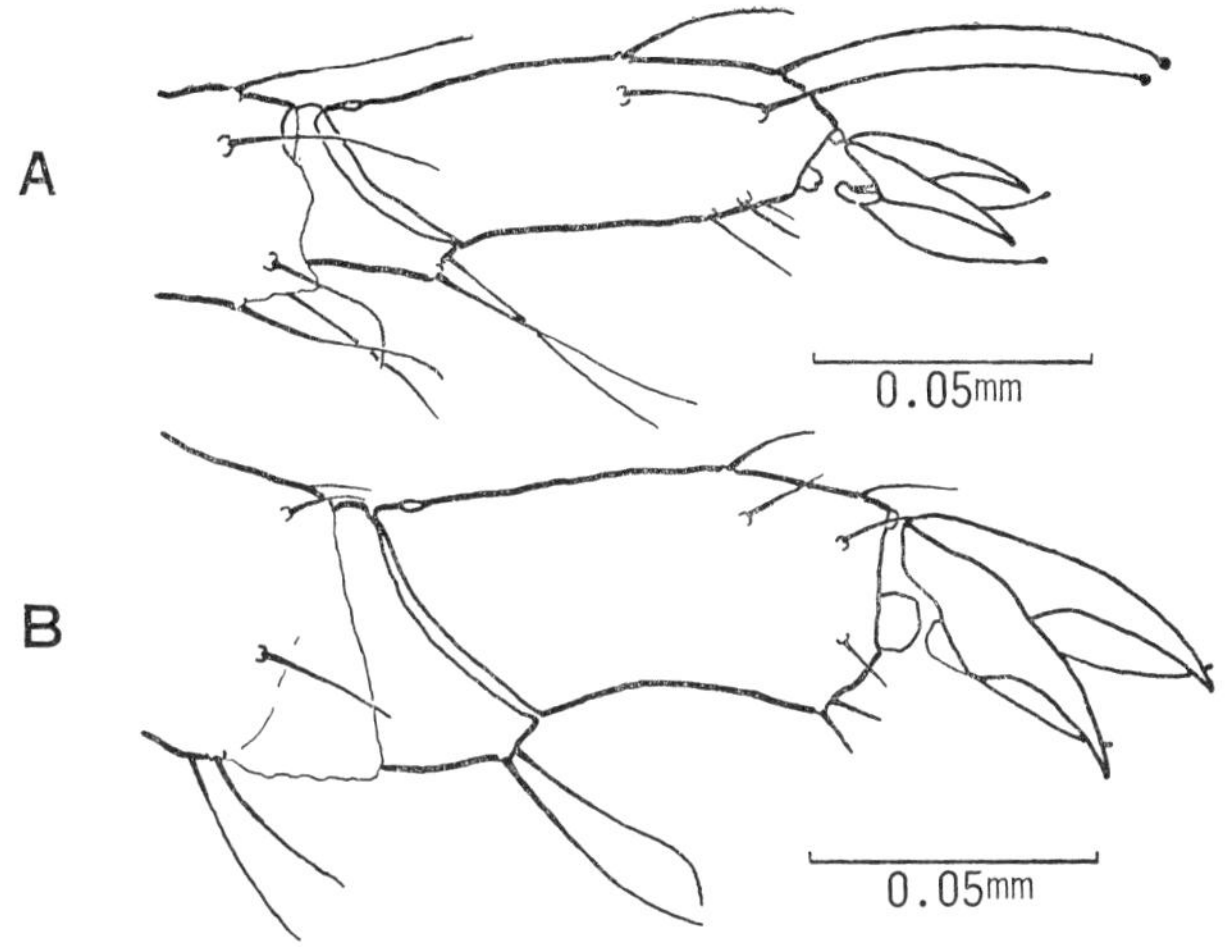

■図表 4：前脚跗節（ふせつ）の比較。Aは普通の1令幼虫，Bが短吻型幼虫。

っている。また、ワタムシ類にはワックスを分泌する〃ワックス・プレート〃（ロウ腺板）なるものが体表に多数あるのだが、この発達が悪く数も少い。

第二に、口吻《こうふん》が著しく短い。普通の一令幼虫の口吻は尾端近くまであるのに、短吻型幼虫の口吻は後脚の付け根に達する程度の長さしかないのである。普通の一令幼虫の長すぎる口吻のほうを奇妙に思われる方もあるかもしれないが、ボタンヅルワタムシでは、成虫も幼虫も一緒にボタンヅルの茎で（おそらく篩《し》部《ぶ》から）吸汁しているのだから、体が小さな若令の幼虫ほど口吻は相対的に長くなるのが当然なのだ。（細かいことを言えば、植物体の中に挿入されるのは口吻そのものではなく、その内部に収まっている〃口針〃と呼ばれる細い管であるが、ボタンヅルワタムシを含む大部分のアブラムシでは口吻長と口針長はほぼ等しい。）

そして第三に、短吻型幼虫の前・中脚は異常に太くなっていて、その先端に、大きな曲がった爪が付いている（図表4）。この脚がカニムシのイメージを与えるようだ。

この多型現象は、一令期にのみ現われる。短吻型一令幼虫に対応する二令幼虫、あるいはそれ以上の幼虫は、全く出てこなかった。

短吻型幼虫はいったい何なのだろうか。なぜこんな変なものがいるのだろう。その後、私は盛岡および東京でもボタンヅルワタムシを採集することができた。これらのサンプルを分析し、まず、確実と思われる彼らの生活史の断片を抜き出してみよう。

アブラムシの成虫には、同一種であっても、翅《はね》のあるもの（有翅虫《ゆうしちゅう》）とないもの（無翅虫《むしちゅう》）がある。ボタンヅルにコロニーを形成しているボタンヅルワタムシの成虫は、秋以外には、すべて無翅のメスである。これが単為生殖かつ胎生で、普通の一令幼虫と短吻型幼虫の両方を産む。普通の一令幼虫は、生まれるとすぐコロニーに加わり、やはりボタンヅルの茎で吸汁し、四回脱皮して無翅のメスとなる。そしてまた、普通の一令幼虫と短吻型幼虫の両方を産む。

秋になると（東京付近では九～十月）、普通の幼虫の一部は、翅をつけたメスに発育して、コロニーから移出する。晩秋になると（東京付近では十一月頃）、ボタンヅル上に残った無翅虫は短吻型幼虫の生産を止め、もっぱら普通の一令幼虫だけを産むようになる。これらの一令幼虫は生まれても摂食せず、樹皮の裂け目や苔の中で一令のまま冬を越す。そして、その他の個体は死に絶えてしまう。

翌春、これらの越冬した幼虫は無翅のメスとなり、子供を産み、再び真白なコロニーが形成される。ボタンヅル上ではオスは生産されず、有性生殖は行なわれない。つまり、無翅虫が単為生殖でひたすら世代を繰り返しているわけだ。このような生活環（図表5）は、既知のワタムシ類の生活環から特にはみ出したものではない。ただ一点、短吻型幼虫の存在を除けばの話だが。

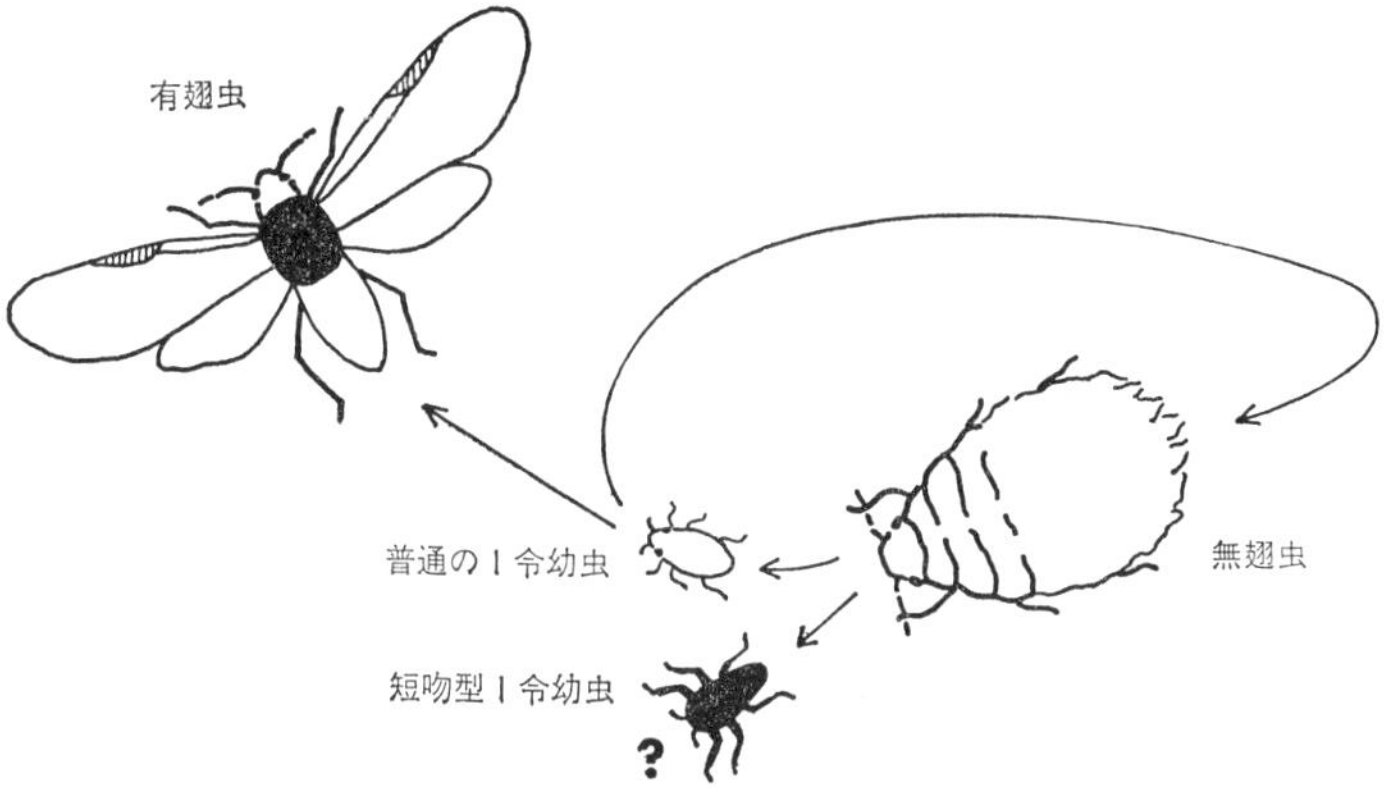

■図表 5：ボタンヅルワタムシの生活環。

短吻型幼虫は、越冬期を除けば、すべてのサンプルに含まれていた。最初、私は楽観的だった。各サンプルに含まれているコロニー構成メンバーを調べていけば、短吻型幼虫がどういう役割をしており、どういう親に成長するのか、自然にわかってくるだろうと考えていた。

しかし調査を進めるにつれて、まず、短吻型幼虫が冬を越す特別な幼虫であるという可能性が消えた。そして、有翅虫に発育する幼虫であるという可能性も消えた。なぜなら、有翅虫が出現するのは秋だけなのに、短吻型幼虫はそれ以外のシーズンにも多数存在するからである。

もちろん、他のアブラムシでは〝普通の〟幼虫が環境条件によって有翅虫にも無翅虫にもなるわけだから、かりに短吻型幼虫が有翅虫に発育したところで、なぜ有翅虫になる幼虫だけが特別な恰好をしているのかという問題が残ってしまう。それに、奇妙なことなのだが、短吻型幼虫の脱皮殻《だっぴがら》が出てこないのだ。普通の幼虫の脱皮殻は、もちろん、たくさんサンプルの中に入っていた。これはいったい、どういうことなのだろう。

ここへきて、私には、何がなんだかさっぱりわからなくなってしまった。短吻型幼虫は、どう考えても余分な存在なのだ。

ある危機感

この短吻型《たんふんけい》幼虫はおおいに私の興味をひいたのだけれど、私は、この問題にすぐさま本気で取り組んだわけではなかった。その理由は、ボタンヅルワタムシが私のいた北海道に分布していないということ、そして当時、私は修士論文をまとめるために、タマワタムシ属というドロノキに寄生するワタムシの一グループの分類の仕事に力を注ぎ込んでいたからであった。

分類学者とはどのような人種だろうか。(一)種《しゅ》分け、(二)生物の系統関係の推定、(三)生物のカタログ作成。この三つが彼らの主な仕事である。

この最後のカタログ作りという仕事が、分類学者をきわめて特色ある存在にしている。生物の名前を整理し、未記載種には名前を与え、情報の引き出しを容易にするようなカタログを作ること。これは、経験的知識の増加という観点からはさほどの意味はないかもしれない。しかし、実用上は非常に有用である。

カタログ作りのために分類学者は、まず対象とする分類群に関する文献を徹底的に収集しなければならない。また、もちろん、できるだけ多くの材料を集め、形態を調べやすいような標本を作成する必要がある。これらの作業は時間とエネルギーがかかるけれども、逆に時間とエネルギーをかけさえすれば、まずまちがいなくある程度の成果が得られる。良くいえば賢実な、悪く言えば野心に乏しい研究なのだ。

短吻型幼虫を発見した当時の私は、もう〃立派な〃分類学者だった。それまでコツコツと進めてきた仕事を放り出してまで、解けるかどうかわからないこの短吻型幼虫の問題に取り組む気にはなれなかった。有益ではあろうが、ワタムシの分類学者以外には退屈な私の論文が、やがて完成した。

修士論文が完成すると、私は短吻型幼虫の存在だけでも報告しておこうと思い、一九七四年の昆虫学会大会で口頭発表した。質問は、まったくなかった。もっとも、質問を受けたとしても「わかりません」を繰り返すしかなかったろうが。この時の発表をもとにした論文は、一九七六年の『昆虫』に載った。

一九七四年は、その気になれば短吻型幼虫の問題に取り組む余裕もあったかもしれない。しかし、この年も、気にかけながら私は見送ってしまった。私は博士課程ではさらに分類の研究を進めて、日本のワタムシ類全部のカタログを作るつもりでいた。そして、それを学位論文にするつもりだった。相変わらず採集旅行に出かけ、プレパラート標本を作り、形態を調べるという毎日が続いた。真面目に、コツコツとデータを集積していけば、いまに素晴らしい仕事ができるだろうと素朴に考えていた。また、これこそが唯一、当然の〃科学的〃方法だと思っていた。

新奇さも手伝って、最初こそこの仕事は楽しいものであったが、やがて私は、このような記載分類の仕事を続けることに疑問をいだき始めた。こんなことをやっていていいのだろうか。研究というものは、もっと面白いはずのものではなかったのか、と。

私の〃転向〃を決定的にしたのは、カール・ポパー、トマス・クーン、そしてマイケル・ギセリンらの著作との出会いであった。彼らは、当時私が信じて疑わなかった「科学はデータ集めから始まる」という、いわゆる〝ベーコンの神話〟を、見事に、しかも徹底的に打ち砕いていた。

これはショックだった。特にクーンの『科学革命の構造』はショックだった。記載分類のパラダイムなど、単に実用的価値ゆえに残っているにすぎないのではないか。ともかくも適切な問題を見つけ、それに挑戦しない限り、革命家はおろか〝通常科学者〟としても成功するわけがない。この危機感が、私を短吻型幼虫の問題へと向かわせた。

この年の冬、もう一つ思いがけないことが起こった。ドロノキにゴール（虫癭《ちゅうえい》）を形成するドロオオタマワタムシというアブラムシのサンプルを調べていたら、またまた奇妙な二型の一令幼虫が出てきたのである。こちらのほうは、ボタンヅルワタムシの場合と違って、〝異常な〟幼虫のほうが〝普通の〟幼虫に比べて口吻《こうふん》が長い。また、脚が太くなっているわけでもない。この幼虫の出現は私を勇気づけた。

一種だけなら不安だが、二種を追いかければ、どちらかが解けるかもしれない。一方がわかれば、もう一方も同じかもしれない。それに、ボタンヅルワタムシは北海道にはいないが、こっちは、少いながら札幌周辺で観察できる。ドロオオタマワタムシの奇妙な一令幼虫の物語は、第五章で述べることにしよう。かくして私は、この二つの問題に全力を注ごうと決意した。

また、私は自分に一つの制約を課した。まず、問題状況をはっきりさせること。次に、それを説明できる仮説を、できるだけ明確な形でノートに書きつけること。そして、その仮説をテストする方法を何とか工夫すること。早い話が、ポパー流の仮説演繹法を意識的に使ってやろうと考えたのだ。

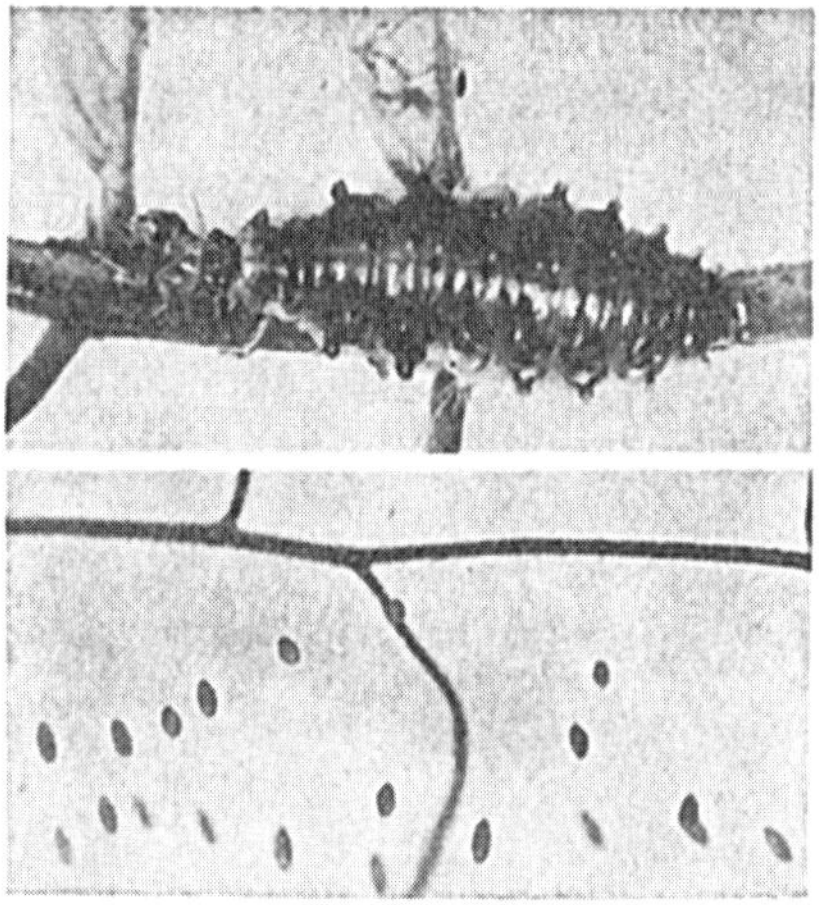

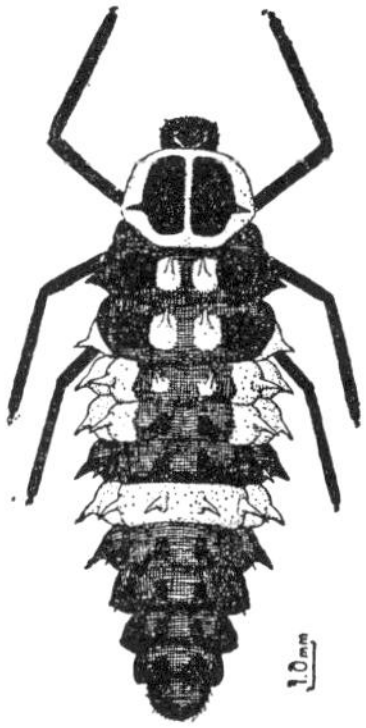

■図表 6：オオテントウの幼虫（Sasaji, 1968)。……右
■図表 7：ヨツボシクサカゲロウの幼虫（上）と卵（下)。塚口茂彦氏提供。……左

これまでの常識

一九七五年、博士課程の二年目になって、ようやく私は短吻型《たんふんけい》幼虫の問題に全力で取り組むことになった。短吻型幼虫はいったい何なのか。私のひねり出した諸仮説を紹介する前に、まず、アブラムシが一般にはどのようなものであるのか、どのようなものだと考えられていたか、簡単に説明しておこう。

アブラムシは植物から汁液を吸う。それゆえ、何種類かのアブラムシは、悪名高い害虫である。彼らは好条件のもとでは、単為生殖かつ胎生で驚くべきスピードで増殖する。成虫には、翅《はね》のあるものとないものがあり、移住の必要がなければ翅のない無翅《むし》虫《ちゅう》が主役である。無翅虫は、翅にまわすべき栄養を卵巣にまわし、このことが増殖率の高さに一役かっている。鉢植えの植物にアブラムシが〃わく〃のは、いつのまにやら飛来した有翅虫《ゆうしちゅう》の子孫が無翅虫となり、あっという間に増殖するからである。ある計算によれば、一匹の雌が産んだ子供がすべて生き残ったとすると、一年後に五二四〇億匹の子孫が生じていることになるという。

アブラムシは、また、無抵抗な昆虫の代表的なものであり、彼らはテントウムシ（図表6）、クサカゲロウ（図表7）、ヒラタアブの幼虫（口絵写真2）といった捕食者の格好の餌である。これらの捕食者は、無抵抗で豊富な餌資源を悠々と食べていく。

一九五八年にイギリスのA・F・G・ディクソンは、アブラムシが必ずしも無抵抗な動物ではないことを示した。といっても、アブラムシが、テントウムシの幼虫を後脚で蹴ったり、腹部背面の角状《かくじょう》管《かん》という器官からワックスを噴出させてテントウムシ幼虫の顔面に吹き付け、敵が一瞬たじろいだすきに逃げるというものにすぎない。

またアメリカのC・J・キスローらは、一九七二年に、この角状管からの分泌物が警報フェロモンとしても作用していることを明らかにした。アブラムシの一個体が捕食者に捕まると、この個体は角状管から警報フェロモンを出す。するとこの警報フェロモンに反応して、付近で吸汁していた個体は口針を引き抜き、すたこらと逃げ出すのである。背丈の低い植物に寄生するものでは、植物体からぽろりと落下することによって捕食者からのがれる。このシステムは見事ではあるけれど、捕食者に抵抗するといっても、せいぜいこの程度のことだ。

アブラムシの基本的戦略は、やはり、増殖であろう。彼らは、捕食者に食われる以上のスピードで増殖し、捕食者の数が増加し、また寄生している植物の状態が悪くなる頃には、翅をつけた有翅虫が現われ別の植物に移住してしまう。そしてまた新たな移住先で、捕食者との追いかけっこが始まるわけである。S・J・グールドはアブラムシを*r*戦略者の典型と見なしているし、W・D・ハミルトンの文学的表現では「生命が始まって以来のギャンブラー」ということになる。

もう一つ、アリとの関係についても述べておく必要があるだろう。アブラムシは糖分を含んだ甘い排泄物を出す。ほとんどのアブラムシは植物の篩部《しぶ》から吸汁するのだが、篩部を流れる汁液は糖分は比較的豊富に含んでいるものの、アブラムシが必要とするチッ素化合物（アミノ酸）は相対的に少量しか含まない。このためアブラムシは多量の汁液を吸う必要があり、余った糖分を水と一緒に肛門からたれ流す。これがハニー・デュー（honeydew）ないし甘露《かんろ》と呼ばれるもので、アリはこれを求めてアブラムシのコロニーに集まるのだ。

アリは、他の動物に対して極めて攻撃的であるから、アブラムシは結果としてアリによって守られる。また、排泄物を自動的に処理してもらえるので、周囲の環境を清潔に保てることにもなる。甘露で植物が汚れると煤病《すすびょう》が発生したり、アブラムシが高濃度になった甘露にトラップされて身動きがとれず死亡してしまうようなことも頻発する。

以上がアブラムシの一般的なイメージである。もちろん数千種いるアブラムシのすべてが右に述べた特徴を共有しているわけではない。しかし、昆虫学者がアブラムシという言葉から想像するのは大体こんなものといっても、ひどいお叱りは受けないと思う。

文献をさがす

さて、ボタンヅルワタムシの短吻型《たんふんけい》幼虫に話を戻そう。

まず、短吻型幼虫に類似のものが、何か他のアブラムシでも知られていないのだろうか。文献をさがしてみたところ、あったのである。

東アジアには、タケ類など主としてイネ科植物に寄生するツノアブラ属、コナフキツノアブラ属と

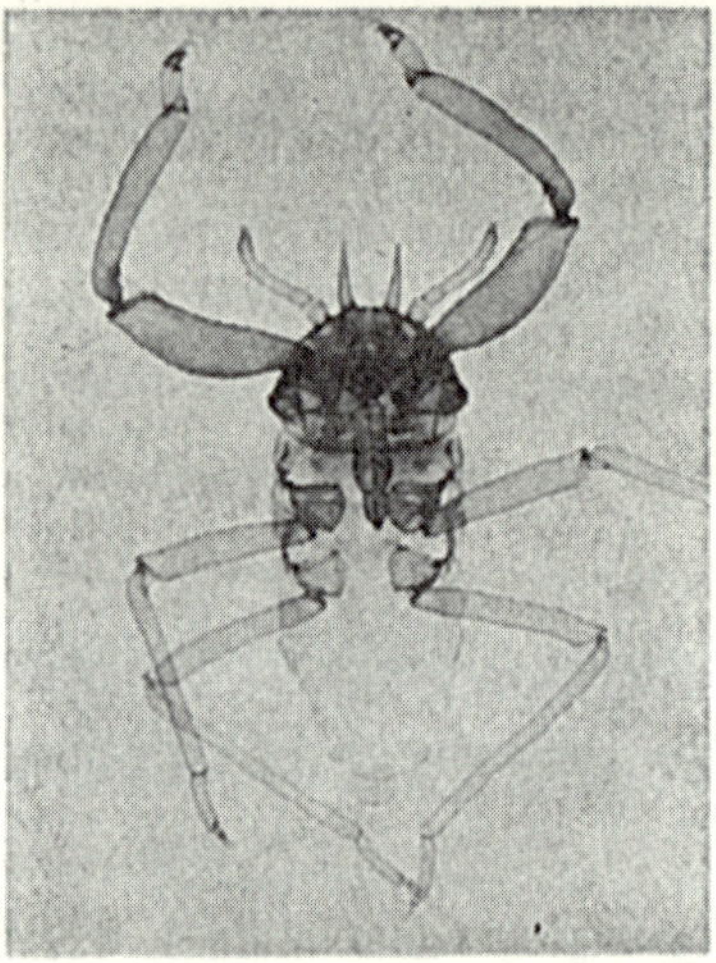

■図表 8：ササコナフキツノアブラムシのカニムシ型1令幼虫。

いったアブラムシがいる。彼らは、その名の通り、頭部に一対のツノを持っている。以後、彼らをまとめてツノアブラムシと呼ぶことにしよう。

アブラムシの分類学者として高名なオランダのD・ヒレ・リス・ランバースは一九六六年に、何種類かのツノアブラムシが、普通の一令幼虫の他に〝カニムシ型〟一令幼虫を生産するということを報告していた。カニムシ型一令幼虫は、普通の一令幼虫に比べ大型で、体のキチン化が強く、頭部のツノが発達している。また、前脚が著しく肥大しており、その先端には大きな鋭いツメが付いている。

彼は、この幼虫の機能と運命については不明としながらも、カニムシ型幼虫が一令期にのみ現われ、二令期以後にはでてこないことから、カニムシ型幼虫は、一度脱皮すると、普通の一令幼虫由来の二令幼虫と形態的に区別できない二令幼虫になるのではないか、と示唆していた。

ランバースの記述は、図も写真もないほんの数行のものであった。しかし、私は、カニムシ型幼虫がボタンヅルワタムシの短吻型幼虫と同じ役割を演じているものと直感した。その後、日本にもいるササコナフキツノアブラムシのカニムシ型幼虫（図表8）をこの目で見、その確信は強まった。

両者は、分類学的には離れたグループに属しているのに、どちらの幼虫も、同じようなカニムシの印象を与える。ボタンヅルワタムシの短吻型幼虫にはツノがなく、またツノアブラムシのカニムシ型幼虫の中脚は太くなっていない——こんな差違にもかかわらず、どことなく似ているのだ。しかし、奇妙な幼虫の〝意味〟となると、ツノアブラムシでも同じく、全くわからなかった。

地下移動説

ボタンヅルワタムシの短吻型《たんふんけい》幼虫は、いったいどんな成虫になるのだろう。こう、私は自問してみた。彼らが脱皮・生長してどんなアブラムシになるのか、それがわかればこの問題は解けるのではないか。短吻型幼虫が出るのは一令期だけだ。とすれば、ランバースがツノアブラムシのカニムシ型幼虫で示唆したように、彼らは一度脱皮すると、普通の一令幼虫由来の二令幼虫と区別できない二令となる、と考えるのが合理的であろう。

この考えは、それほど突飛なものではない。昆虫では、一回の脱皮によって形態ががらりと変わるものがよくあるし、ちょうどこの頃、私は同時に研究を進めていたドロオオタマワタムシで、このアイデアがまさに現実となる例を見つけ、意気盛んだった。ドロオオタマワタムシでは、一令期に明確な二型がある。ところが、一度脱皮して二令になると、彼らは互いに良く似てしまって区別が難しくなる。そして成虫になると、もう形態的には区別不可能になってしまう（第五章参照）。

このような事例を知っていたこともあって、私は迷わずこの線に沿って考えた。しかし、一つ困難な事実がある。短吻型幼虫の脱皮殻《だっぴがら》が出てこないのである。

なぜ、短吻型幼虫の脱皮殻は出てこないのだろうか。それは、短吻型幼虫が生まれてもすぐには脱皮せず、どこかに移動した後に初めて脱皮するからではないか。こう考えれば、短吻型幼虫の脱皮殻がサンプルから出てこないことを説明できるし、また、彼らに特別の役割を与えることができる。

そうだとすれば、彼らは、いったいどこに移動するのか。一ミリ足らずの虫だから、そう遠くへは移動できまい。ボタンヅル株上での移動だろう。葉には寄生が認められない。だから、葉に移動する型ではない。花でもない。とすると、さがしていないのは根だけだ。そうだ、短吻型幼虫は根に移動する幼虫なのかもしれない。茎ならば長い口吻《こうふん》が必要かもしれないが、細い根から吸汁しているのだとすれば、あの短い口吻で十分足りるだろう。前脚と中脚が太くなっているのも、地中にもぐる時に(土を掘り起こすのに?)役立っているからではないか。

もし、この〝地下移動説〟が正しいとすれば、地上部にボタンヅルワタムシのコロニーができているボタンヅルは、地下部にも寄生を受けていて、そこには目指す短吻型幼虫の脱皮殻が残っているはずである。したがって、ボタンヅルを掘り起こしさえすれば、この仮説の白黒がはっきりする。私はこの仮説に、かなりの期待を寄せていた。そして、この一九七五年の夏、ボタンヅルを掘り起こすために盛岡にある東北農業試験場を訪れた。前年、私は、ここの敷地でボタンヅルワタムシを見つけていたからである。

暑い七月下旬の一日だった。斜面となった草地が道路の側溝と接する部分に、何本かのボタンヅルが並んで生えている。草をかき分けて根際をたどると、真白なコロニーが現われた。いた、いた。短吻型幼虫も多数くっついている。掘り起こすボタンヅルの株を決めてから、スコップを借りてくる。

一呼吸入れて、さてどうか。地上部のアブラムシがまぎれ込まないように、慎重にスコップを入れ、えいっと掘り起こした。

そこには真白なコロニーがあるはずだった。そして短吻型幼虫の脱皮殻が出てくるはずだった。しかし、そこには何もなかった。いくら目を凝らしてみても、アブラムシなど、どこにもついていなかった。

あわてて別の株を掘り起こす。が、同じだった。地下移動説は見事に反駁されてしまったのだ。がっくりした私は、地面に顔を近づけ、ルーペで根際の短吻型幼虫をのぞいてみた。彼らは何もしていなかった。ただ、茎の上にくっついているだけだった。背中に真夏の陽ざしが暑かった。

期待していた仮説が駄目なのを認めるのはつらいものである。再びふりだしに戻ったような気分になるからだ。この盛岡旅行の帰り道、私は知り合いのＹさん宅を訪ねた。私はＹさんにすまないことしてしまった。というのは、Ｙさんは私を三陸海岸のドライブに連れていってくれたのだけれど、私の目には青い海と二重写しに、あのカニムシのような短吻型幼虫の姿が焼きついていた。私の目は、おそらく輝いてはいなかっただろう。

いったい何か

私は、ボタンヅルワタムシのコロニーができているボタンヅルを一株、鉢植えにして、札幌に持ち帰った。鉢植えにすることによって、短吻型《たんふんけい》幼虫の観察はずっと楽になった。このアブラムシのコロニーは、ほとんどが根際に形成されるため、野外での直接観察は、はらばいになるほど地面に顔を近づけるという無理な姿勢を強いられる。その点、鉢植えならば、机の上で何時間でも眺めていられる。

しかし、札幌に戻っても状況は変わらなかった。地下移動説にかわるアイデアは何一つ出てこなかった。短吻型幼虫は相変わらず何もせず、ただただボタンヅルの茎にくっついている。彼らは本当に何らかの機能を持っているのだろうか。単なる異常型で、生物学的〝意味〟などないのではないか。いや、そんなことはあり得ない。もし全く意味がないなら、選択圧がかからないから、もっと変異がでるにちがいない。短吻型幼虫の形態は非常に安定している。短吻型と普通の一令幼虫との中間型でさえ、出てきても不思議ではないのに、いまだに一匹も見つかっていないではないか。彼らの生活の中で、必ず何かの役割を果たしているはずだ。

休眠のための幼虫ではないだろうか。しかし、越冬するのは普通の一令幼虫だ。では、夏眠だろうか。しかしそうだとすれば、秋のサンプルから、夏眠からさめた彼らの脱皮殻《だっぴがら》が出てくるはずだ。

短吻型幼虫の脱皮殻は残りにくく、すぐ消失してしまうのではないだろうか。そうだとしても、脱皮途中の短吻型幼虫が見つかってもいいはずだ。普通の一令幼虫をいくつかプレパラート標本にすれば、たいていその中に、二令の皮膚を体内に形成した脱皮前の個体が混じっている。しかし、二〇〇以上の短吻型幼虫のプレパラート標本を調べたが、このような個体は全く出てこなかった。

休眠説は駄目だ。すると、やはり移動か。しかし、どこに移動するのか。葉でもないし、根でもない。いったいボタンヅルに、葉・花・茎・根以外の部分があるとでもいうのか。何てバカな虫だ！

研究者なるもの、わけがわからなくなると、このようにぼやき出す習性を持つものなのか。少くとも私はそうだった。この夏の終りに、九州から北海道にセミを調べに来ていた林正美さんも、私のボヤキを聞かされるはめになった一人である。

北大から札幌駅へ続く道を私達は歩いていた。歩きながら私は、この日も短吻型幼虫のことをしゃべっていた。林さんは静かに聞いていたが、陸橋にさしかかった時、突然、両腕を持ち上げてタガメのような恰好をし、短吻型幼虫の肥大した前・中脚は何かにがっしりとしがみつくためのものではないか、と示唆してくれた。私は、はっとしてその動作を真似た。

このアイデアは、私達のとった恰好に劣らず異様ではあったけれども、私にはなりふりをかまう余裕はなかった。見込みがありそうな、どんなアイデアにも飛びつきたい気持ちだった。

さっそく、私は試してみることにした。

ボタンヅルの植わった鉢を目の前に据え、柄《え》付きの針を取り出して、短吻型幼虫の頭部付近を針の先で軽くたたいてみた。

すると、短吻型幼虫は、前脚を持ち上げ、それを素早く開閉し、針にとびついてきたのである。

林さんの示唆は適中した。あの肥大した脚は、何かにしがみつくためのものだったのだ。ようやく短吻型幼虫が手がかりらしい手がかりを示してくれたのだ。さあ、しかし、なぜこんな行動をとるのだろう。いったい何にしがみつくのだろうか。

ライダー説

ちょうどその頃、同じ教室でスズメバチを研究していた山根正気君の本棚に、E・O・ウィルソンの大著 *The Insect Societies*（昆虫の社会）が並んでいた。きれいな挿絵の載っているこの大きな本をぱらぱらとやっているうち、ふと、アリにおぶさったコナカイガラムシの図が目に入った。アリは *Hypoclinea gibbifer*、コナカイガラのほうは *Hippeococcus* 属の種ということだ。

「これらのコナカイガラムシは、レイン（一九五四）によって新属としてジャワから記載されたものだが、*Hypoclinea* 属のアリによって地下の巣の中、その付近の木や灌木上などで養なわれている。この小さな *Hippeococcus* は驚かされると、アリの体の上にはい登るか、でなければアリの大腮《たいさい》にくわえられて集められる。アリ乗り《アント・ライディング》は、〔コナカイガラムシの〕長い把握脚《はあくきゃく》と平たく吸盤状となった跗《ふ》節《せつ》によって可能になっている。」

「これだ」と私は思わず声を出した。これに違いない。短吻型《たんふんけい》幼虫は、ボタンヅルワタムシのコロニーに甘露《かんろ》を求めて集まるアリによって運ばれるのだ。それも、アリにくわえられてという受動的なものではなく、積極的にアリにとびついて運搬されるのだ。あの発達した前・中脚はアリにしがみつくためのものだろう。

アリによって別のボタンヅルに運ばれ、そこで新たなコロニーを形成するのであれば、短吻型幼虫の脱皮《だっぴ》殻《がら》が見つからないことも一応の説明がつく。運ばれた地点で幼虫が生長してコロニーが目立つようになるまでには、かなりの時間がかかるはずだ。一令幼虫の脱皮殻はほんの小さなものだから、その頃までになくなってしまうことは十分考えられる。〝ライダー説〟の登場である。

新しい希望の持てそうなアイデアを手にすると、研究者たるもの再び元気づくもののようだ。翌日、さっそく私は鉢植えのボタンヅルを地面と平らになるように埋め、アリがやってきた時の短吻型幼虫の反応を見ることにした。

しゃがみこんで、じっと待つ。地面にはクロヤマアリとクシケアリがウロウロ歩き回っている。来い、来い…。待つこと十数分。アリは一向にやって来ない。これでは仕方がないので、コロニーの近くに砂糖をまいてアリをおびき寄せることにした。

とたんに、素早いクロヤマアリがやってきた。しかし、彼らは砂糖をなめるだけで、なかなかアブ

■図表 9：ピンでとめたアリにはい上った短吻型幼虫。

ラムシと接触しない。しびれをきらした私は、あたりを歩いていたクロヤマアリを捕まえてピンで刺し、え〜いとばかりにボタンヅルの茎にとめてみた。

　すると、どうだろう。苦しがって暴れるクロヤマアリを目がけて短吻型幼虫が集まり、その上にはい上っていくではないか（図表9）。そのうちの何匹かは、ふり払われ、遠くへ飛ばされてしまったけれども。

　私は、驚いてこの実験を繰り返した。が、何度やっても、短吻型幼虫はアリにはい上っていく。やはりライダーなのだ。興奮した私は、友人達の前でもこの実験を再演した。彼らは、この奇妙な行動に首をかしげるばかりだった。

もう一つの仮説

　しばらくして落ち着きをとり戻すと、私はこの説も、どうもすっきりしないような気がしてきた。かりにライダー説が正しいとしても、クロヤマアリが相手では、相手の行動が素早すぎはしまいか。短吻《たんふん》型《けい》幼虫のスピードでは、とてもついていけそうもない。だとすると、もっと小さいアリだろうか。しかし、記憶をたどってみても、アリがこのアブラムシのコロニーに足繁く通い、お尻から直接甘露《かんろ》をもらっている現場など見たことがない。盛岡では見なかった。落出でもいなかった。

これはどういうことだろう。日本は北過ぎるのだろうか。ボタンヅルワタムシは台湾にもいる。台湾のような南方では、緊密に共生するアリがいるのかもしれない。いやいや、これではアド・ホックな仮説の見本ではないか。

ライダー説を思いついたのとほぼ同時に、私は、もう一つの説明が可能なことに気づいていた。それは、短吻型幼虫は脱皮・生長せず子孫を残さない、防衛専門の〃兵隊〃であるという仮説である。さすがに、最初これをノートに書きつけた時、ちょっと気恥しかった。しかし、この兵隊説ならば、短吻型幼虫の脱皮殻《だっぴがら》が出てこないのは当然だし、また、ピンでとめたアリに彼らがはい上ったのは、実は攻撃のためであったと解釈できる。

短吻型幼虫が成虫にならず、しかも子孫を残さないとしたら、どうやってそんな幼虫が進化したのか疑問に思われる人がいるかもしれない。この問題は第四章にまわすとして、ここでは次のことを述べておけば十分だろう。〃社会性昆虫〃と呼ばれるハチやアリ、シロアリでは、このような不妊《ふにん》個体の存在はごく当り前の事実である、ということだ。特にシロアリやアリの一部では、防衛専門で形態もそのために特殊化した様々なタイプの〃兵蟻《ソルジャー》〃が出る。英語では彼らを soldier と呼ぶから、この仮説のもとでは短吻型幼虫を〃兵隊〃としてもおかしくはあるまい。

どういうふうにこの兵隊説を思いついたのか、残念ながらよく覚えてはいない。しかし十中八九、このアイデアは社会性昆虫のカスト分化から盗ったものであると思う。私のそばには社会性昆虫を研究している友人が多かったし、ちょうどこの頃、社会性昆虫の不妊カストの進化を論じたハミルトン説の真偽をめぐって、激論を戦わせていた記憶がある。

しかし、〝社会性アブラムシ〟など、本当にいるのだろうか。生まれてから一度も脱皮しない昆虫など、聞いたことがない。それに、一ミリにも満たない一令幼虫に、しかも無抵抗な昆虫の代表のようにいわれているアブラムシに、はたしてコロニーを防衛する能力などあるのだろうか。兵隊説は、友人の間にも評判が悪く、彼らの批判が集中したのもこの防衛能力の点だった。私もアブラムシの研究者として、ヒラタアブ幼虫をはじめとする捕食者の暴食ぶりは、いやというほど見せつけられていた。だから、ダニのような小さな捕食者に対してなら効果はあるのではないか、ぐらいにしか反論できなかった。

時がたつにつれて、私の気持ちは兵隊説へと傾いていった。といっても、ライダー説を決定的に反駁するような証拠が見つかったわけではなかった。

この一九七五年の秋、千葉で学会があった。私は、そのついでに、東京の高尾山へ行ってみた。十月一日のことだった。そして、そこで、いくつかのボタンヅルワタムシのコロニーを見つけることができた。付近のススキの葉裏に寄生した紫色のアブラムシにはクロオオアリがせっせと通っていたけれど、ボタンヅルワタムシのコロニーには、アリは全く来ていなかった。だが、このてのないというネガティヴな証拠に余り信頼はおけない。どこかに特別なアリがいるかもしれないし、アリではなく他の昆虫によって運ばれる可能性だってあるわけだ。皮肉なことに、ライダー説にかえて兵隊説に期待を寄せはじめたとたん、短吻型幼虫がクロオオアリ（？）に乗って次々と運ばれていく夢などを見てしまった。

この年はこれまでだった。しかし、振り返ってみて、まあ納得のいくシーズンだったと言えるだろう。問題が解けたわけではないが、しかし当初とくらべれば格段の進歩である。それに、どう転んでもつまらぬ結末にならぬことだけは確かだ。私は、冬の間もずっとこの問題を考え続けた。

特に新しい証拠がでてきたわけでもないのに、兵隊説はますます正しいもののように思えてきた。やがてそれは、確信に変わった。確信なんてこんなものだ。すると今度は、短吻型幼虫の脱皮殻が怖くなった。短吻型幼虫の脱皮殻が一個でも出てくれれば、兵隊説は反証されてしまう。この〝恐怖症〟は、今でも続いている。

再び盛岡へ

一九七六年のシーズンがやってきた。今シーズンこそ、なんとか短吻型《たんふんけい》幼虫の謎を解いてみせる。彼らはおそらく兵隊だろう。だが、問題は防衛能力だ。どうやったら、ここのところをテストできるのだろう。短吻型幼虫を人為的に取り除いてやり、コロニーの生存率を対照区《コントロール》と比較する？　いや、そんなことは実際上不可能だし、除去実験というのはいかにも筋《すじ》が悪い。まずはもう一度、彼らの行動をじっくり観察することから始めてみよう。

札幌では越冬できなかったようだ。去年、鉢植えにしたボタンヅル上のコロニーは、死に絶えてしまった。そこで私はこの年の七月、ボタンヅルワタムシを採りに再び盛岡を訪れた。

前年の調査の時、いろいろ便宜をはかっていただいた東北農試の前田泰生さんは、私を夕食に招待してくださった。ビール一杯で口が軽くなり、私は短吻型幼虫のことをしゃべり出した。ビールが入るにつれて、ピンでとめたアリにはい上る行動を、さらに、話は兵隊説へと発展していった。私はもちろん真面目だったが、前田さんのほうは呆れていたのではないかと思う。

翌日、宿酔《ふつかよ》いでがんがんする頭をかかえながら、ボタンヅルワタムシのコロニーをさがした。まずは、去年の草地に行ってみる。ところが、そこはどうやら火を入れられたらしい。全滅のようだ。それでは、と他をさがす。が、おかしいのだ。いくらさがしても、ボタンヅルワタムシはいない。宿酔いのせいとも思えない。本当にいないのだ。あわてて電車にとび乗り、花巻の付近でさがしなおす。ここにもいない。いったいどうしてしまったのだろう。

どうしたものか。私は、ふと去年の秋、高尾山でこのアブラムシを見たことを思い出した。札幌へ戻る予定を変更して、急きょ東京へ向かう。ところが、ここでもコロニーは見つからないのだ。多数のボタンヅルをたぐった末、ようやく二個体の幼虫がくっついているのを見つけた。

藤沢市にある私の実家に、何かの時にとボタンヅルの一鉢をつくっておいたので、増えてくれよと虎の子の二匹をくっつける。八月の終わりになって、母から電話あり。「いっぱい綿のようなものがくっついている」という。やれやれ、一安心である。

八月の中旬に、もう一度盛岡へ行く。どういうわけか、今度は、あちこちにコロニーが現われた。ただし、どのコロニーもサイズが小さく、短吻型幼虫は見当らない。また、成虫のいるものもわずかである。できたてほやほやのコロニーといった感じだ。なぜ急にコロニーが出現したのかという問題は、本章の最後でふれることにしよう。

この時は、ボタンヅルワタムシの短吻型幼虫こそ観察できなかったが、前にちょっとだけふれたもう一つの〝兵隊〟候補、ササコナフキツノアブラムシのカニムシ型幼虫を観察することができた。ササの葉裏に真白なコロニーをつくるこのアブラムシは、蝶の愛好家にとって、食肉性のシジミチョウ、

■図表10：ササコナフキツノアブラムシのコロニーとゴイシシジミ。

ゴイシシジミの餌としてなじみ深いものだ（図表10）。

カニムシ型幼虫は、コロニーを訪れる *Lasius* 属のアリに対し、発達した前脚を持ち上げ、それを素早く開閉するという攻撃のような行動を示していた。やはり、こいつらも兵隊であるとしか考えられまい。しかし残念ながら、カニムシ型幼虫は、アリのスピードに全くついていけない。〝攻撃〟は空を切るばかりで、アリとの接触は結局観察できなかった。

解決

こんなことをしているうちに、昆虫学会の日が近づいた。私は、短吻型《たんふんけい》幼虫の奇妙な行動だけでも報告しようと思い、すでに講演要旨を出してしまっていた。もう少しデータを集めなければならないという必要にもせまられて、私は藤沢の実家に戻った。母が自慢にしている桜の木の下にでんと陣取って、九月八日から、鉢植えにしたボタンヅルワタムシのコロニーとにらめっこを始めた。

短吻型幼虫の頭部付近を針の先でちょんちょんと

たたけば、前脚を持ち上げ、それを素早く開閉させる。テストをした五〇匹のうち、三九匹がこの反応を示す。一一匹は無反応。普通の一令幼虫は、五〇匹のうち反応したものなし。ピンで刺したアリには、短吻型幼虫がはい上る。これを写真に撮る。

なんとか講演のネタは揃った。しかしこれだけでは、昨年から一歩の進展もないではないか。こう考えると、何やら気ばかりあせってきた。

九月十日。同じ事を続ける。少々疲れてくる。疲れてきてふと見上げると、桜の葉にガの幼虫が集団をつくっているのが目に入った。モンクロシャチホコだ。こいつをつけてやったらどうなるだろう。深く考えたわけではない。おそらくいたずら半分の気持ちだったのだろう。一匹をピンセットでつまんでコロニーにのせた。

すると、我が目を疑うようなことが起こった。短吻型幼虫が、ガの幼虫に襲いかかったのである。最初は一匹だった。しかし、ガの幼虫がいやがるように体をくねらすと、あちこちから短吻型幼虫が集まってきて、その体の上にはいあがる。暴れれば暴れるほど集まってくるのだ。

とうとう耐えきれなくなったガの幼虫は、コロニーから落下した。すると、今度は地上を歩いていた短吻型幼虫の攻撃である。数分にしてガの幼虫の体は、短吻型幼虫によっておおわれてしまった（図表11）。

やがて、ガの幼虫は、動かなくなった。背中がぞくぞくした。

モンクロシャチホコにとってはとんだ災難だったが、私は何度もこの〝実験〟を繰り返した。まちがいない。殺せるのだ。ガの幼虫を殺せるのだ。適当なところで拾いあげた一匹のガの幼虫には、なんと六六匹もの短吻型幼虫が付着していた。

■図表11：モンクロシャチホコの幼虫にしがみついた短吻型幼虫（左）。

短吻型幼虫のくっついたモンクロシャチホコの何匹かは、アルコールの入った小ビンに放り込んだ。アルコールの中でも、彼らはガの幼虫から離れない。前脚と中脚でがっしりとしがみつき、その爪は幼虫の皮膚に食い込んでいる。

実体顕微鏡下で調べたところ、何匹かの短吻型幼虫の口吻《こうふん》の先端が、ガの幼虫の体表に触れていた。これを、そっとひき離してみると、口吻の先端からは口針《こうしん》が突き出している。アブラムシが他の昆虫を刺したのである。

問題は一気に解決してしまった。まず、自分を運んでくれる動物を刺すわけはないので、ライダー説は全く駄目である。もちろん、運んでくれる動物だけは刺さないという、アド・ホックな言い逃れは可能だ。だが、兵隊説がある以上、こんな言い逃れにつき合ってはいられない。

兵隊説の最大の難点も消えてしまった。ガの幼虫をこのように殺せるということは、かなりの防衛効果があることを示している。この話を聞いた私の友人の一人は、兵隊説を「やっと半分くらい信じられるようになった」そうである。

あとは、アブラムシの捕食者と戦わせて、〝兵隊〟の実力を見るだけだ。私はミズキの葉裏からヒラタアブの幼虫を採ってきて、コロニーにつけてみた。結果はモンクロシャチホコと同じことになった。ヒラタアブ幼虫は短吻型幼虫の攻撃を受ける前に、一、二匹のボタンヅルワタムシを食ったものもあったが、短吻型幼虫の攻撃を受けてコロニーから落下し、さらに、地上を歩いていた多数の短吻型幼虫にしがみつかれて、のたうちまわった。

ヒラタアブの幼虫を殺せれば文句はあるまい。学会が終わると、私は一ヶ月で論文を書き上げ投稿した。これは、私としては異例のスピードだった。

ボタンヅルワタムシの生活史

ボタンヅルワタムシの生活史を、もう一度要約しておこう。

コロニーの主体は無翅虫《むしちゅう》である。無翅虫が単為生殖《たんいせいしょく》・胎生《たいせい》で、普通の一令幼虫と兵隊を産む。普通の一令幼虫は脱皮・生長して親になり、また普通の一令幼虫と兵隊の両方を産む。兵隊は防衛の役割をはたし、脱皮・生長しないで一令のまま死ぬ。越冬をするのは晩秋に生まれた普通の一令幼虫で、一令のままボタンヅルの樹皮の裂目などにじっとくっついて冬を越す。二令以上の個体や兵隊は死に絶えてしまう。もっとも、冬に兵隊がいたって役に立たぬ。

前に、ボタンヅルワタムシの有翅虫《ゆうしちゅう》についてふれた。ボタンヅル上では年に一回、秋に、翅《はね》をつけたアブラムシが現われる。この有翅虫になるのはもちろん普通の一令幼虫で、兵隊がなるわけではない。環境条件によって、翅をつけたりつけなかったりするわけだ。この有翅虫はどのような役割をし

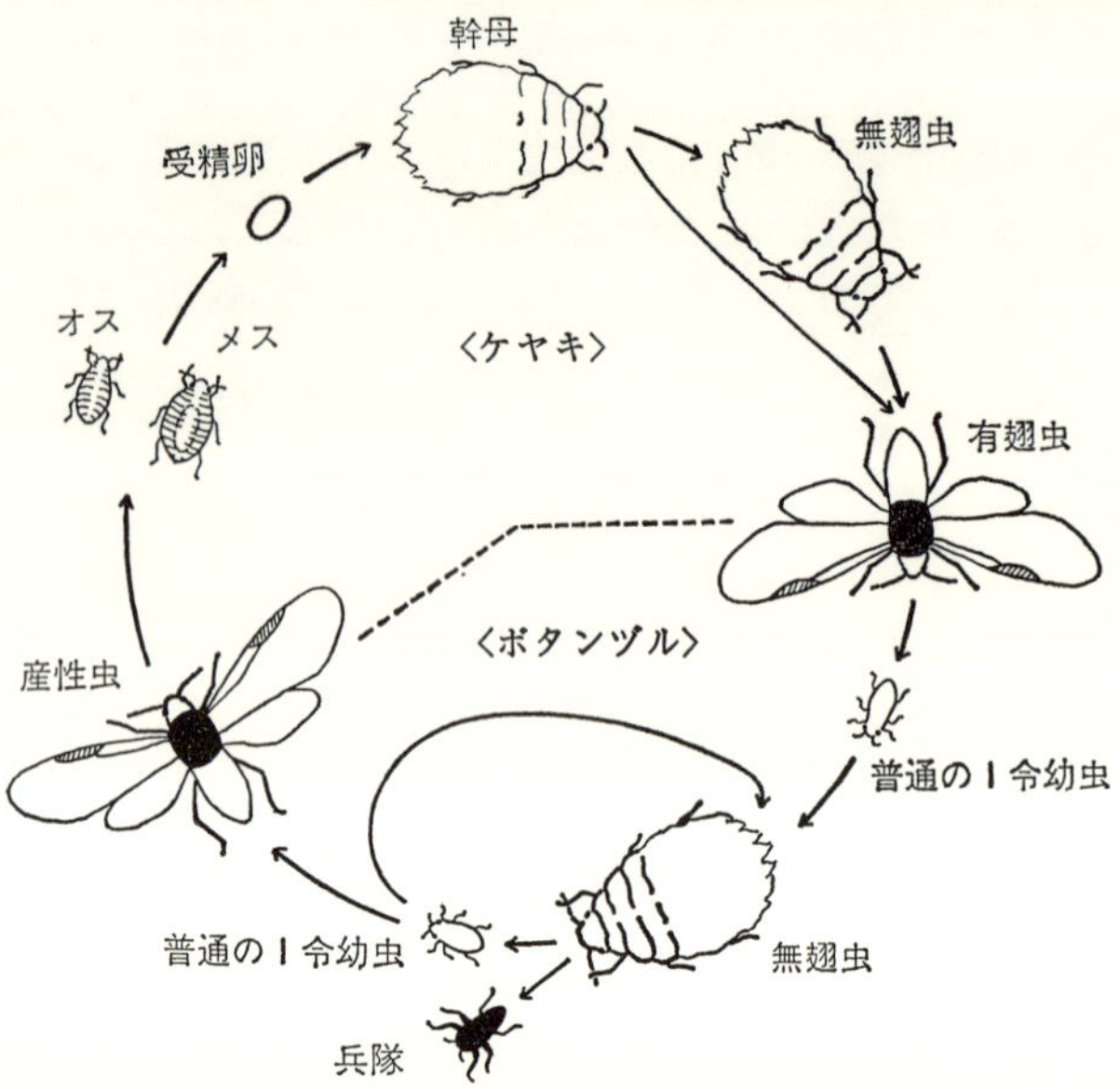

■図表12：ボタンヅルワタムシの生活環。

ているのだろうか。別のボタンヅルへ飛んでいって、そこで、この有翅虫の子孫が新たなコロニーを形成する――こう考えたくなるであろう。

しかし、違うのである。彼らはボタンヅルではなく、まったく種類の異なる植物に飛んでいくのだ。一九七八年に、ようやくその植物がわかった。ケヤキだった。ケヤキはニレ科だから、キンポウゲ科のボタンヅルとは縁もゆかりもない。

このような寄主転換《きしゅてんかん》はアブラムシではかなり一般的で古くから知られている現象である。アブラムシはなぜこんなややこしいことをするのか、いったいどうしてこんな生活環《せいかつかん》ができあがったのか。これらはとても面白い問題なのだが、本書の範囲を越える。アブラムシの移住の進化に興味のある人には、*Rostria* 二六号の私の論文（一九七六年）などを参照していただくことにして、ここではボタンヅルワタムシの生活環を記述するにとどめよう（図表12）。

ボタンヅルから飛び立った有翅虫は、やがてケヤキの幹に集まる。そこで彼らは子供を産む。この子供がまた奇妙な連中で、口吻《こうふん》がない。口がないのだ。口がないから餌もとらない。彼らがボタンヅルワタムシでは唯一の、有性生殖《ゆうせいせいしょく》をする世代である。この世代には二型があり、大きいほうがメス、小さいほうがオスだ。

もう一つ奇妙なことをあげれば、このメスは一卵しか産まない。オス・メス二匹が交尾して一卵では勘定が合わぬと思われるかもしれないが、彼らは、いわば配偶子《はいぐうし》のようなものなのだ。つまり、ボタンヅルから飛んでくる有翅虫――この有翅虫は有性世代を産むという意味で〝産性虫《さんせいちゅう》〟と呼ばれる――が、十個前後の皮をかぶった動く卵を産むと考えれば、さほど不自然ではないだろう。

有性世代が口吻を欠き、一メス一卵であるという性質は、タマワタムシ亜科のすべての種に共通である。

ボタンヅルワタムシについては直接観察したわけではないが、次のこともまちがいあるまい。有性世代は餌をとらないのに脱皮する――つまり、目に見えるかどうかは別として、だんだん小さくなる。性的に成熟した彼らは交尾し、メスはケヤキの樹皮下、樹皮の裂目などに産卵し死ぬ。この受精卵が冬を越すわけだ。一方では、ボタンヅルの根際で一令幼虫が越冬しているのだから、話は複雑である。

翌春、越冬した卵から一令幼虫が孵化《ふか》し、ケヤキの葉に寄生する。アブラムシ学《アフィドロジー》では、この受精卵由来の第一世代を〝幹母《かんぼ》〟と呼ぶ慣わしになっている。幹母から有性世代の出現まで、ずっと単為生殖をするわけだから、突然変異が生じなければ、以後、幹母の遺伝子型が正確に複製される（ただし、有性世代のオスは性染色体を半数しか持たない）。

幹母の一令幼虫が葉に寄生すると書いたが、彼らはここでゴールを形成する。ゴールとは虫癭《ちゅうえい》、虫《むし》瘤《こぶ》のことだ。アブラムシからの刺激によって植物組織の一部が異常に生長し、アブラムシを包み込んで外界と遮断する。ゴールはアブラムシを保護するばかりでなく、彼らに好適な栄養を供給する。その形状は種によって様々だが、ボタンヅルワタムシでは直径一センチほどの球状のゴールをケヤキの葉縁につくる（口絵写真1）。葉の縁《へり》を下側に折り、折り曲がった部分を中味のたっぷり入ったギョーザのようにふくらましたもの、と思ってくだされればよい。

　ゴール形成は、一匹の幹母一令幼虫が行なう。この幼虫がゴールの中で成虫となり、単為生殖でどんどん子供を産み始める。この子供（つまり第二世代）の一部は無翅《むし》の成虫となって、ゴールの中で子供（第三世代）を産む。しかし、第二世代の一部と第三世代は有翅虫となり、北関東では七月中〜下旬にゴールから脱出してボタンヅルに飛んでいく。ボタンヅルに飛来した有翅虫は、葉の裏に産仔する。産仔された一令幼虫は、ボタンヅルの茎を伝って下方に移動し、根際に定着する。彼らが増殖すると、真白なコロニーができあがる。

　私が、以前、七月にボタンヅルワタムシのコロニーさがしで苦労したのも、このことと関連がある。ケヤキからの移住が始まるのは七月である。だから、移住虫由来のコロニーができてくる八月半ばまでは、存在するコロニーはみなボタンヅル上での越冬幼虫由来のものであり、当然数も少い。この少い時期にさがしていたのだ。

　以上で、ようやくボタンヅルワタムシの生活環はつながったことになる。さて、ボタンヅルに形成されるコロニーでは不妊の兵隊が出るわけだが、ケヤキの世代ではどうか。ゴールの中のコロニーでも、兵隊は出現するのだろうか？

　調べてみたところ、兵隊はいなかった。ただし、ゴールの中にハバチの幼虫を入れると（攻撃性があるかどうかを調べるためには、別に捕食者ではなくともウジ状をしていれば何でもよい）、二令幼虫がこれにしがみついて口針で刺した。ゴールの中の二令幼虫には、外敵に対する攻撃性があるのである。

だが、この二令幼虫は〝兵隊〟ではない。二令幼虫には一通りしかなく、ボタンヅル上の世代のように二型が生じているわけではないのだ。本書においては〝兵隊〟とは、それに対応する令期の普通の幼虫と形態的に明確に異なるもので、コロニー防衛の役割を果たし、そして、不妊であるものを指すことにする。

ボタンヅル上の兵隊を職業軍人にたとえれば、ケヤキの二令幼虫は民兵ということになろう。この違いの意味するところは、次章でもう少し詳しく取り上げる。

ボタンヅルワタムシの仲間たち

ボタンヅルワタムシは*Colophina*属の一員で、他に三種類の仲間が知られている。彼らはみなセンニンソウ属（*Clematis*）の植物を（二次）寄主としており、中国大陸などからはまだまだ新顔が現われそうな感じだ。既知四種のうち二種は、ボタンヅルワタムシの兵隊発見と前後して見つかった。まず、クサボタンワタムシの標本を、北大昆虫学教室の久万田敏夫先生が長野県の戸台から採ってきてくれた。このワタムシも、クサボタン上でボタンヅルワタムシと同じタイプの兵隊を出す。生活史も、大すじにおいてボタンヅルワタムシと同じである。ただ、兵隊のたくましさは、この種のほうが上であろう（図表13）。

大英博物館のロジャー・ブラックマンは、私が送ったサンプルをもとに、本種の核型を調べてくれた。兵隊も普通の幼虫も染色体の数や形状に違いはなく、やはり遺伝的には両者は同じと考えざるを

■図表13：クサボタンワタムシの兵隊。

得ない。

クサボタンワタムシもまた、ケヤキにゴールを形成することがわかっている。

Colophina monstrifica（図表14）は、台湾の文山《ウエンサン》温泉《ウエンチユアン》で木内信君と山根君が*Clematis floribunda*というセンニンソウ属の一種から採ってきてくれた標本をもとに、新種として記載したものだ。本種の兵隊は異常に大きい（図表15）。

私達仲間内では、ボタンヅルワタムシの短吻型《たんふんけい》幼虫を、前脚が太くなっているところから〝ポパイ〟と呼んでいた。台湾から彼らが送ってきた手紙は、「ジャイアント・ポパイ採れる」という書き出しで始まっていた。種小名の〝*monstrifica*〟（奇怪な）は、木内君の発案である。

最後に残ったセンニンソウワタムシは、以前から知られていた種で、その名の通りセンニンソウにコロニーを形成する。四種のうち本種だけは兵隊を出さないようである。「ようである」としたのは、この虫は現在研究中で、詳しいことはもう少し調べて

■図表14：台湾にいる *Colophina monstrifica* のコロニー。

みないとわからない。兵隊の起源を考える上で、重要な情報を与えてくれるかもしれない種である。

未解決の問題

ボタンヅルワタムシ短吻型《たんふんけい》幼虫の問題が一気に解決したと書いたけれども、もちろん、いくつかの問題が未解決のまま残っている。

まず、その後、ボタンヅルワタムシを実際に食っている捕食者が見つかった。オオヒメテントウとツマキヒラタアブである。彼らは、どうやって兵隊の攻撃をまぬがれているのだろうか。このような捕食者の存在は、兵隊説を脅かすということにはならないのだろうか？

これらの捕食者については、まだほとんど情報がないが、彼らはおそらく〝特殊化した〟捕食者なのである。兵隊と、特殊化した捕食者との関係については、ツノアブラムシのところ（次章）でもう少し詳しく説明しよう。

もう一つの問題は、兵隊の餌である。ボタンヅル

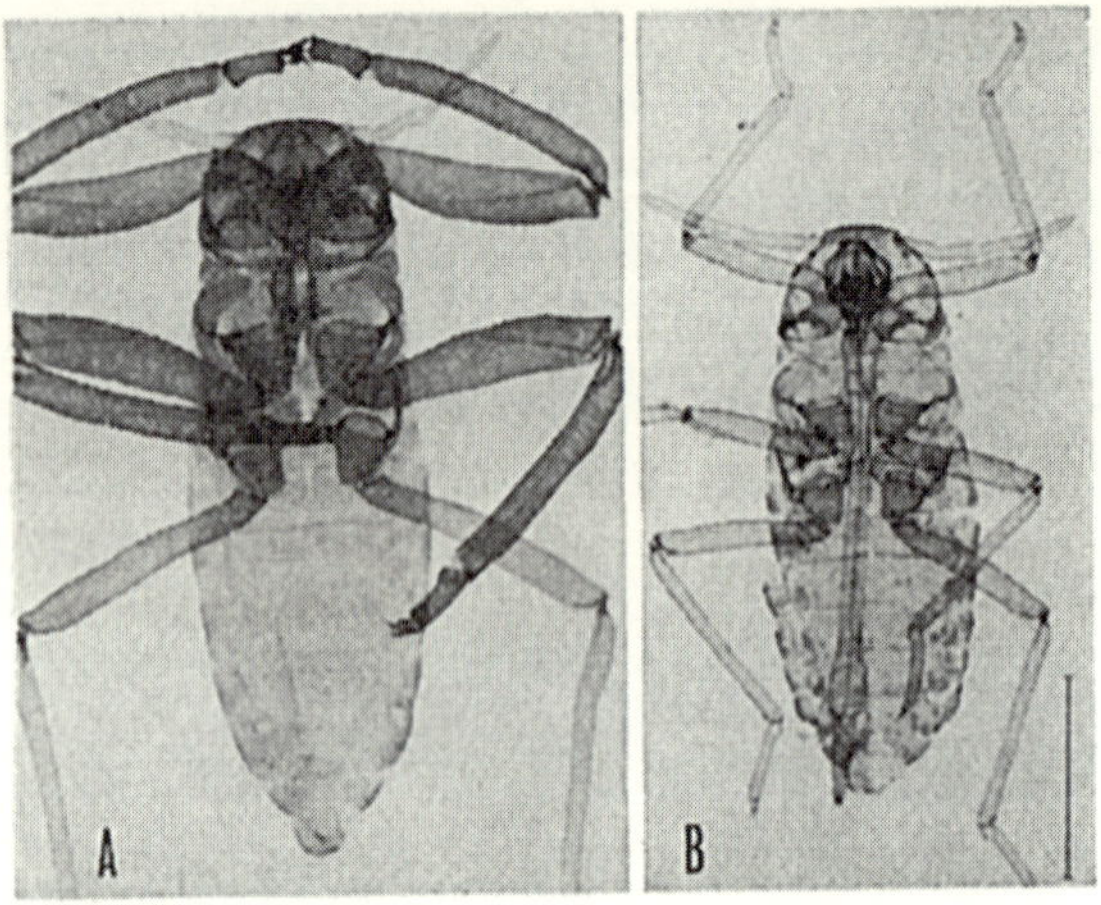

■図表15：*Colophina monstrifica* の兵隊(A)と，普通の1令幼虫(B)。スケールは0.5㎜。

ワタムシはボタンヅルの茎、それもしばしばかなり太くなった根際で吸汁している。アブラムシは篩部《しぶ》から汁液を吸うというのが通則なので、普通の一令幼虫の尾端にまで達する長い口吻《こうふん》も、この観点からすれば全く理にかなっている。では、短吻型幼虫が兵隊であるとわかった今、彼らは、いったい何を餌としているのだろうか。短い口吻（口針《こうしん》）は、彼らが生殖個体と同じ食物は摂取していないことを示唆している。いや、示していると言ってもよいだろう。

まず、兵隊が、外敵の体液を餌としているというのはありそうもないことだ。外敵の襲来は予測不能だし、攻撃をかける時は自分も死ぬ可能性が高い。また、食物として適当かどうかの問題もある（第四章をも参照）。

次に考えられるのが、食物を全く取らないという可能性である。タマワタムシの有性世代《ゆうせいせだい》のように、食物を全く摂取しないアブラムシだっているからだ。しかし食物をとらなければ、いくら生長する必要がないといっても長生きはできまい。もし、こういうことをやっているとすれば、なんとも不経済な兵隊の使い方ということになる。

そこで、私のひねり出したのが〝ヤフー説〟である。ボタンヅルワタムシの兵隊は、生殖個体の排泄物たる甘露《かんろ》を再利用しているのではないだろうか。汁液中のアミノ酸は生殖個体によって利用されてしまうにしても、甘露中には糖分は残っているはずである。運動のためのエネルギー源としては、これで十分ではないだろうか。

ヤフー説には全く証拠はない。にもかかわらずこの説を述べることにしたのは、イギリスの社会生物学者リチャード・ドーキンスがボタンヅルワタムシの兵隊にふれ、兵隊は生殖個体から餌をもらっているのではないかと示唆しているからである。

彼のセンスと勇気は賞讃に値するものだと私は思う。そして、願わくはこのヤフー説の当らんことを。自然は、私達の期待に必ずしも優しくはないが、私達の想像力を鼓舞してくれるものであることだけは確かだ。

第2章　ツノアブラムシの場合

ツノの意味

アブラムシが無抵抗であるという常識的仮定、そして、すべての昆虫は脱皮するという常識的仮定、これらの仮定から解放された結果、これまで見えなかったものが見えてきた。攻撃性のあるアブラムシは次々に現われた。

ヒレ・リス・ランバースが「カニムシ型幼虫」として報告していたツノアブラムシに見られる奇妙な一令幼虫も、やはり兵隊であった。私はこのことを、ボタンヅルワタムシの短吻型《たんふんけい》幼虫が兵隊であるとわかった時点で確信した。この確信は正しかったわけだが、これには予期せぬ〝おまけ〟がついた。ツノアブラムシの兵隊は、ボタンヅルワタムシのそれと異なり、口器ではなくて頭に生えた一対の鋭いツノで外敵を刺したのである（図表16―右）。

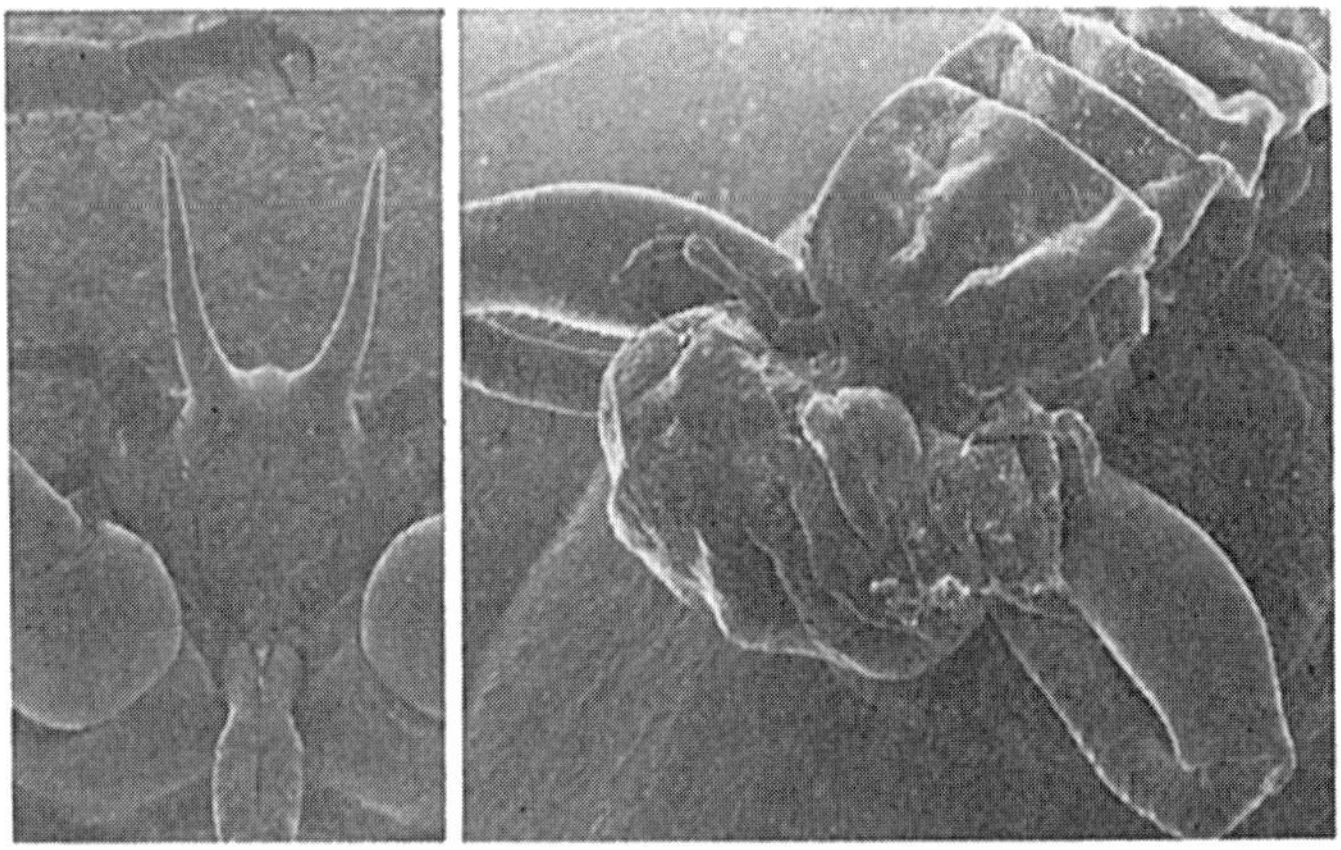

■図表16：アレクサンダーツノアブラムシ兵隊の頭部下面（左）と，ヒラタアブ幼虫にしがみついた兵隊の体の前半部（右）。左の写真で見える鋭利な一対のツノは，右の写真ではヒラタアブ幼虫の体内に挿入されている。

これにいたっては思わず笑ってしまった。なぜ今までだれも、ツノアブラムシのツノの機能について考えなかったのだろうか。カニムシ型幼虫の異常に太くなった前脚、この前脚に付いている大きく強く曲った爪（図表17）、頭部の鋭利なツノを見て欲しい（図表16—左）。太い前脚でガッシリと敵にしがみつき、ツメをひっかけ、鋭いツノでぶすりとやる（図表18）。このくらいのことは、特別すぐれた形態学者でなくとも判りそうなものではないか。

ツノアブラムシとは、カタアブラ族（Cerataphidini）という分類群のアブラムシである。彼らも、ボタンヅルワタムシと同じように寄主転換をする。つまり、系統的に全く関係のない二種類の植物の間を移住する。アブラムシは年に一度有性生殖をするわけで、その上で有性生殖が行なわれる寄主植物を〝一次寄主〟、そうでないほうの植物を〝二次寄主〟と呼ぶのがアブラムシ学の慣わしになっている。したがって、ボタンヅルワタムシの一次寄主はケヤキ、二次寄主はボタンヅルということになる。

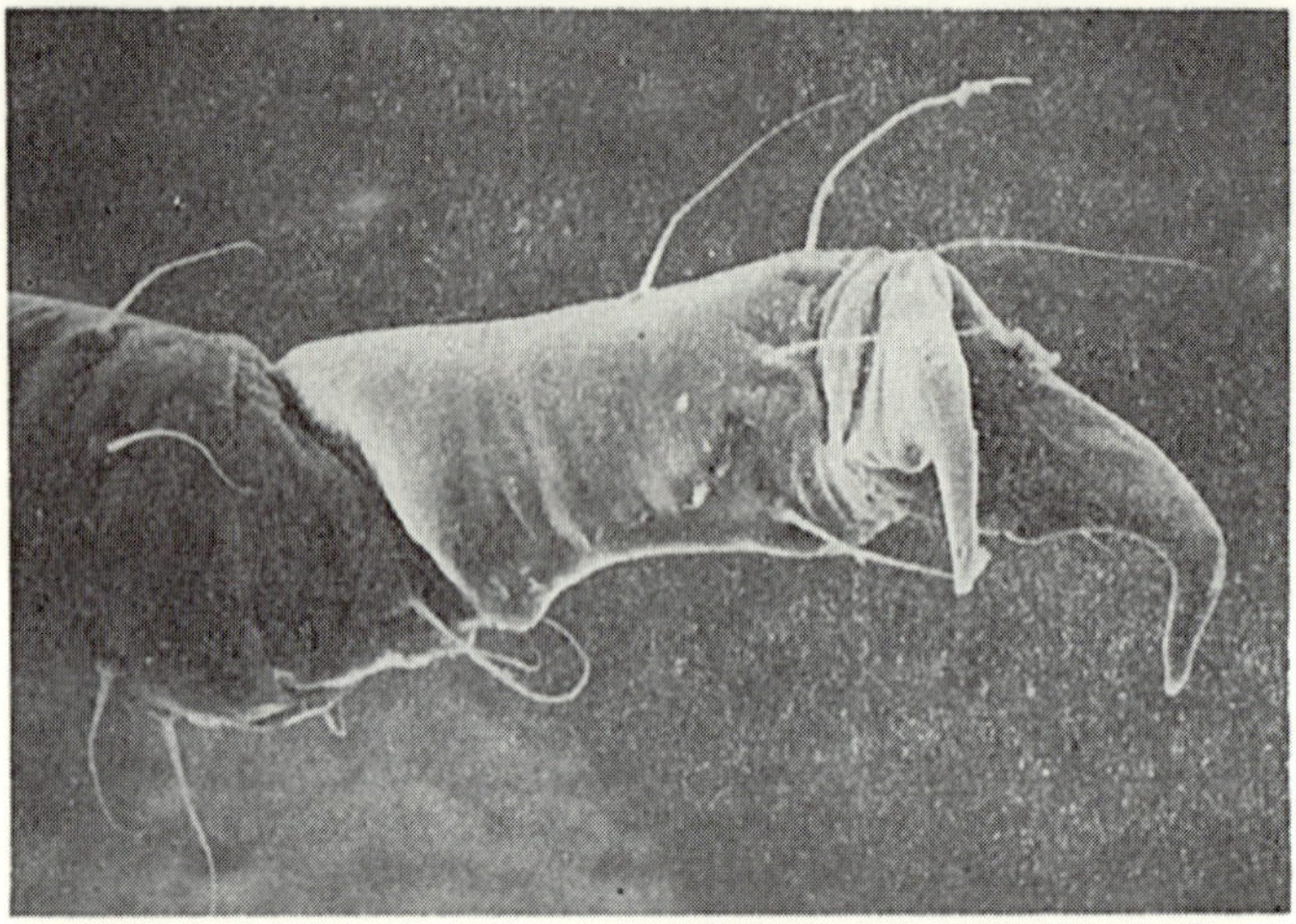

■図表17：アレクサンダーツノアブラムシ兵隊の前脚跗節（ふせつ）。爪は大きく，強く曲がっている。

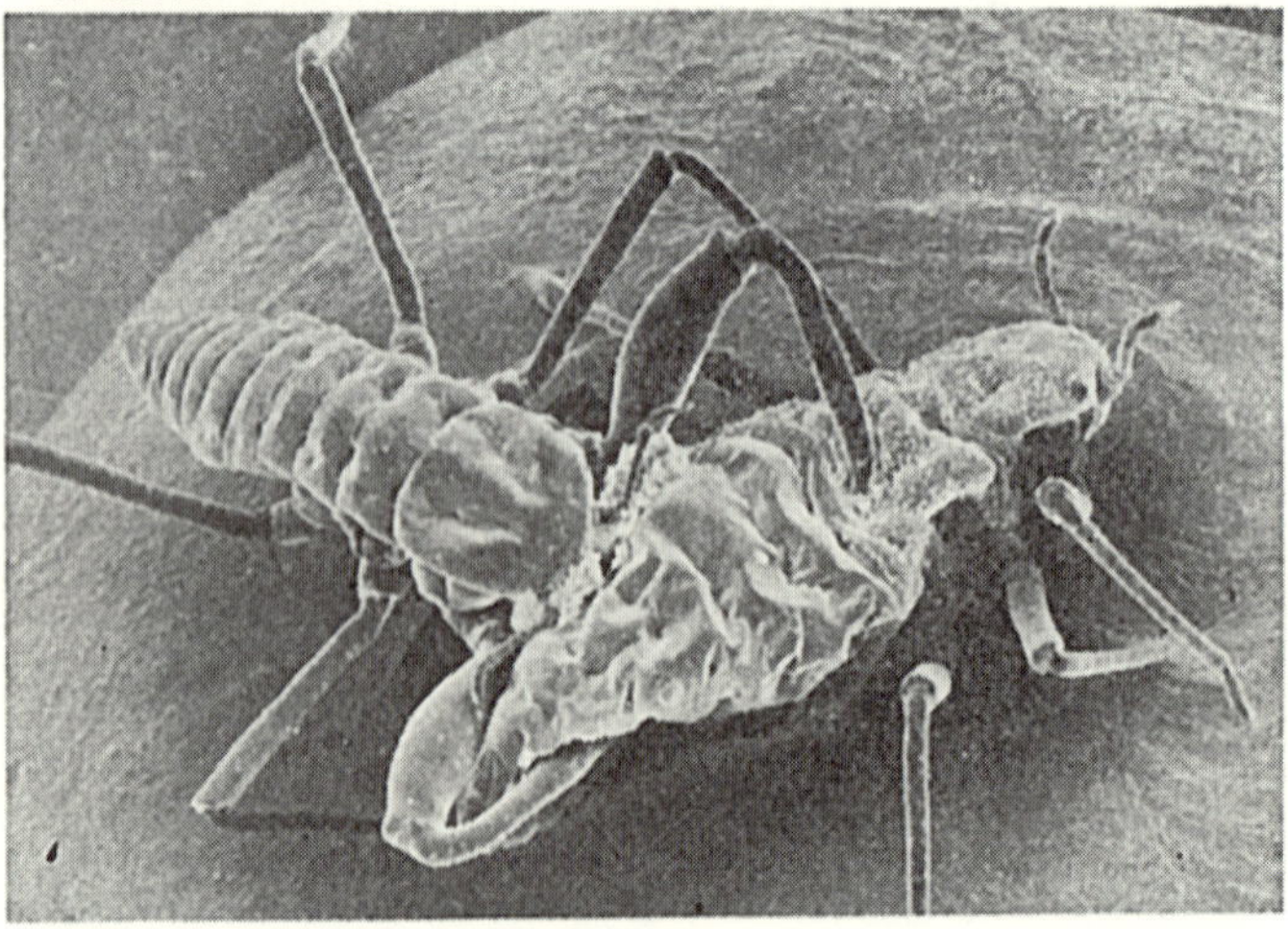

■図表18：同種個体にしがみついたアレクサンダーツノアブラムシの兵隊。発達した前脚でしがみつき，頭部のツノで刺す。

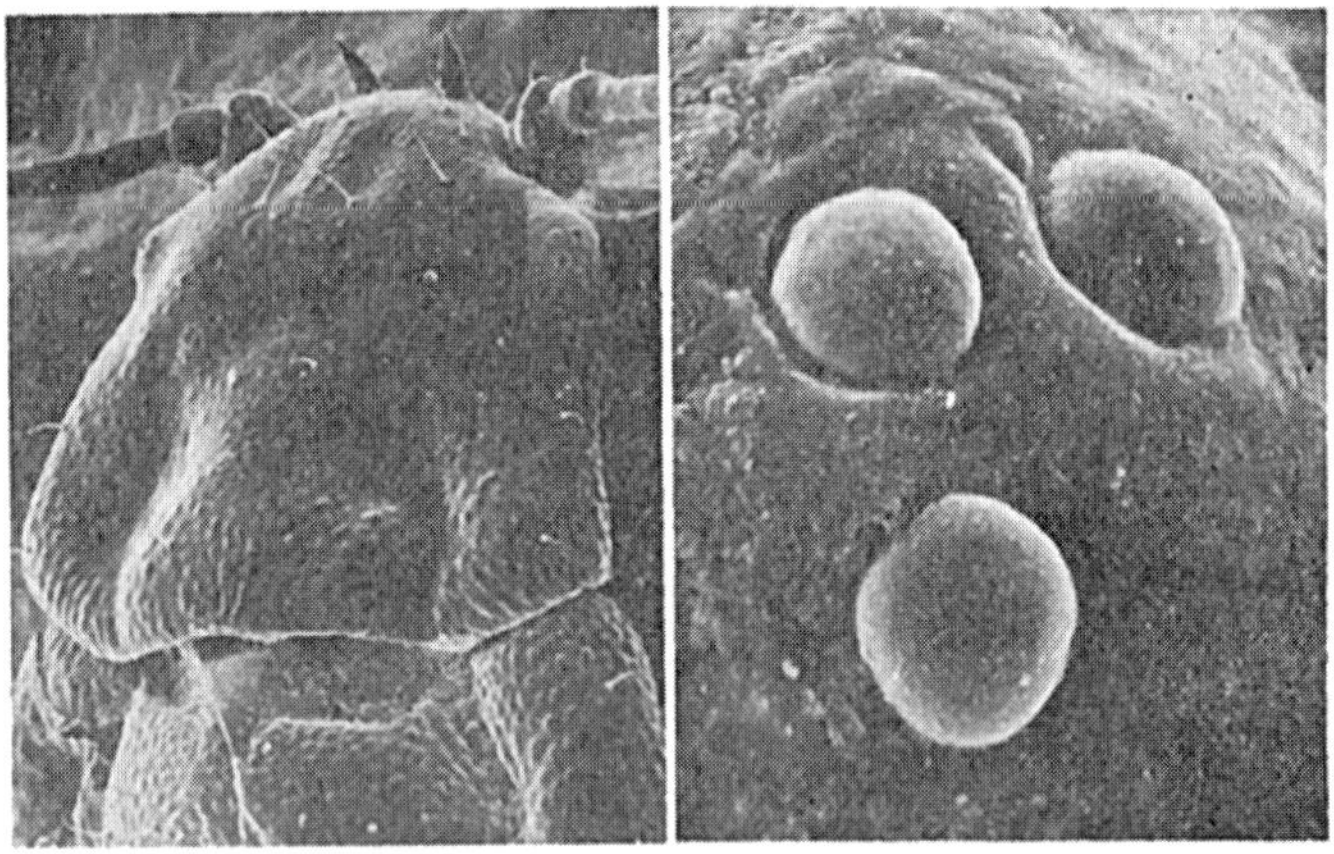

■図表19：左：アレクサンダーツノアブラムシ無翅虫の頭部。一対の短かいツノを持っている。右：左の写真の白くマスクされた部分で眼瘤（がんりゅう）を示す。兵隊の眼瘤も，ほぼ同様である（宮崎，1979）。

カタアブラ族では、知られている限り、一次寄主はエゴノキ属（*Styrax*）の植物である。一方、二次寄主は、いくつかの例外はあるが、ほとんどがイネ科植物である。奇妙なことに（といってもアブラムシ屋には奇妙でも何でもないが）、一次寄主上の世代と二次寄主上の世代では形態はぜんぜん違う。別属にしたいくらい異なっている（実際、生活史がわからなかった時代には別属に分類されていたのである）。

たとえば、一次寄主上のアブラムシにはないのに、二次寄主上で生産されるアブラムシにはみな頭部に一対のツノがある（図表19―左）。そのために彼らは、ツノアブラムシと呼ばれるわけだ。本章で扱うのは、カタアブラ族の二次寄主上の世代、ツノのあるアブラムシである。一次寄主の世代については次章でふれることになる。

兵隊を生産するツノアブラムシは、前章でふれたササコナフキツノアブラムシを含め、私の確認したものだけで五種になる。わかっている限りでは、どれも似たような生活史なので、そのうちの一種アレクサンダーツノアブラムシを中心に紹介していこう。

アレクサンダーツノアブラムシ

アレクサンダーツノアブラムシは、ツノアブラムシの中では最大の種で、現在までに、台湾、ネパール、インドから記録がある。私達が観察を行なった台湾では、マチク（麻竹）という大きな竹が寄主である。マチクはビルマあるいは中国南部が原産とのことだが、竹の子が美味しいため、台湾ではあちこちで栽培されている。葉の大きな、緑色の美しい竹である。

このアブラムシはマチクの葉裏、枝、細い稈《かん》に（時に太い稈にも）寄生する（図表20—A）。大きいといっても無翅《むし》成虫で三・五ミリ程度の、灰緑色をしたアブラムシである。各個体が集まって、びっしりと密なコロニーを形成する（図表20—B）。

コロニーは非常に大きくなる。といっても、正確な個体数はわからない。一九八〇年五月に台湾の春陽村《チウンヤンツン》で大きなコロニーを見つけ、一枝についていたアブラムシの数をかぞえた。三九五六であった。このような枝は優に三〇本以上はあった。したがって、かなり怪し気な推定ということは承知しているが、一〇万のオーダーに達していたことはまちがいない。

このアブラムシはワックスを分泌するので、寄生部位は白っぽくなる。また一方で、このアブラムシがまき散らした甘露《かんろ》に煤病《すすびょう》が発生する。このため、慣れてくると、本種の寄生を受けたマチクは遠くからでもわかるようになる。灰色にくすんで見えるのだ。

コロニーの主役は無翅虫である。これが単為生殖《たんいせいしょく》かつ胎生《たいせい》で、周年世代を繰り返す。生まれてくる

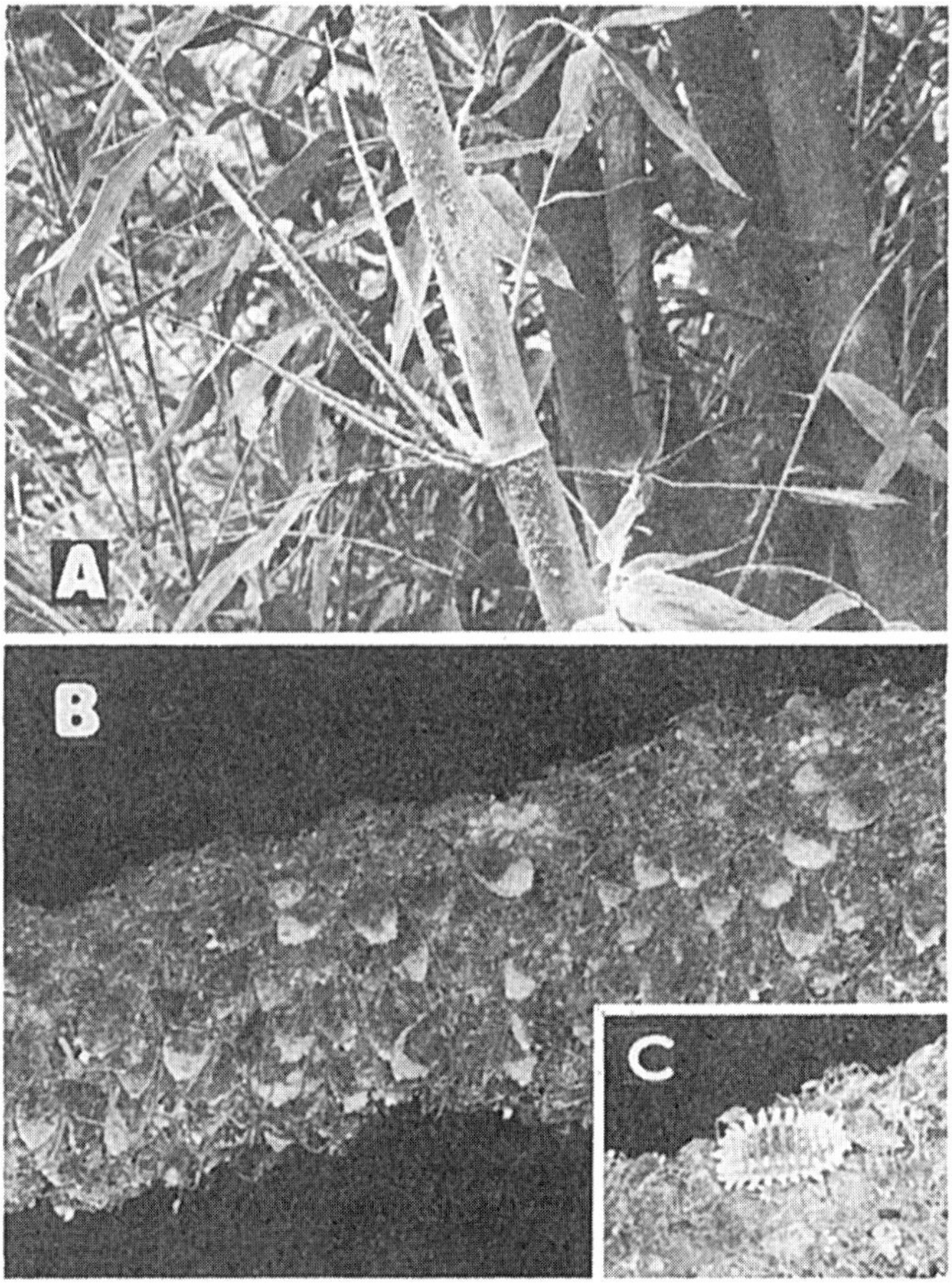

■図表20：A，B：マチクに形成されたアレクサンダーツノアブラムシのコロニー。C：コウシュンツノアブラムシのコロニーの中で見つかったタイワンオオヒメテントウの終令幼虫。

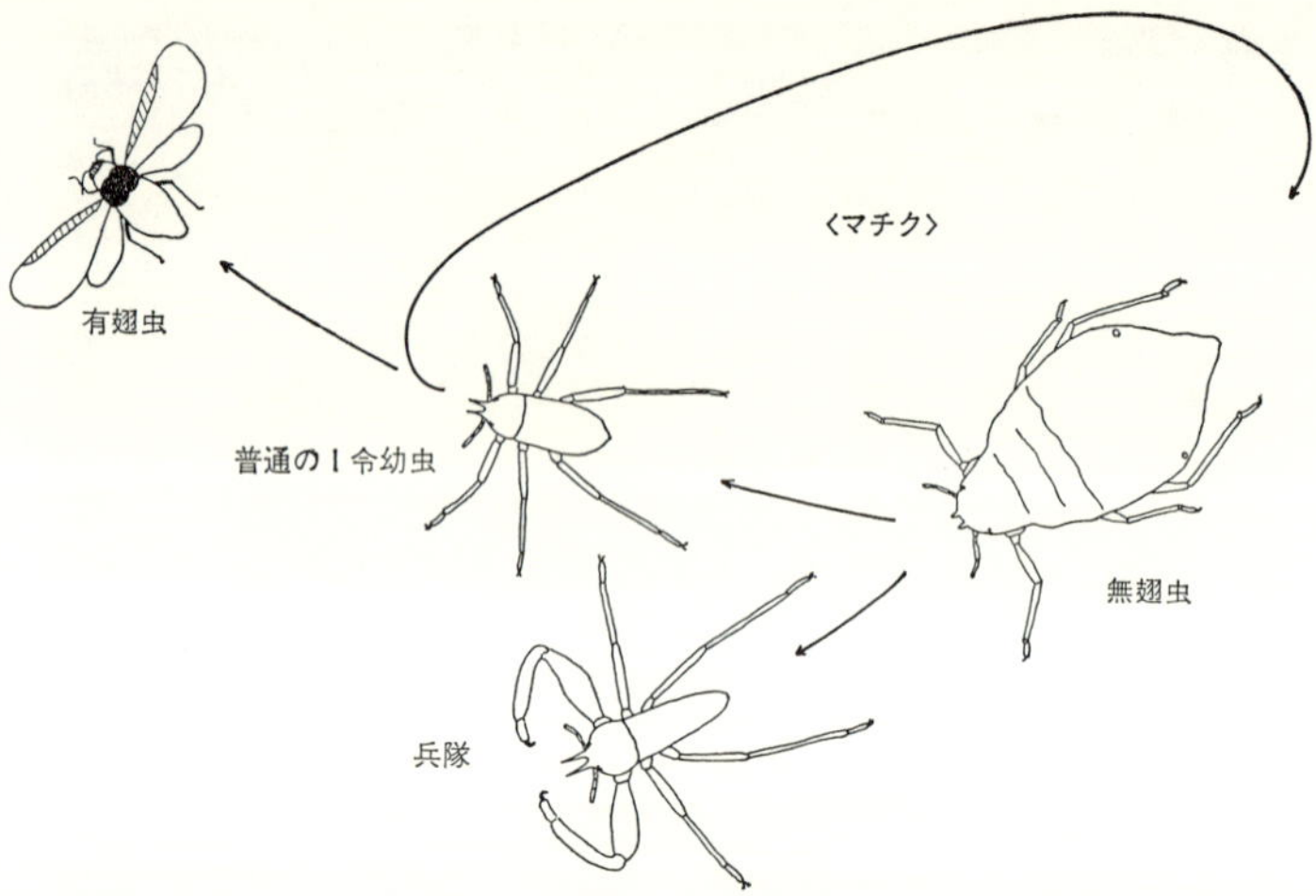

■図表21：アレクサンダーツノアブラムシの生活環。

幼虫には二種類ある。普通の一令幼虫とカニムシ型をした兵隊だ（図表21）。

普通の一令幼虫を大きくし、体のキチン化を強くする。そして、体の前部を異常に発達させる。すなわち、前脚を異常に太くしてツノも長くする。こうしたらツノアブラムシの兵隊ができあがる。兵隊は、普通の一令よりずっと大きいのだが、やはり一令である。無翅虫を解剖すれば、巨大な兵隊がお腹の中から出てくるのだから確かである。

普通の一令幼虫は脱皮・生長して無翅虫となり、また普通の一令幼虫と兵隊の両方を産む。年一回、本種では四〜五月に、普通の一令幼虫の一部が有翅《ゆうし》虫《ちゅう》に発育する。これは有性生殖世代を産む産性虫《さんせいちゅう》であり、一次寄主（未知）へ飛んでいく。

兵隊はコロニーの防衛を行なっている。台湾の日《リー》月潭《ユエタン》という湖のほとりで見つけたコロニーで、兵隊の攻撃行動を調べてみた。

まず、適当な目の高さにあるアブラムシの寄生した枝を決める。そして、次に兵隊に攻撃させる対象

■図表22：ヒラタアブ幼虫に組みついた多数のアレクサンダーツノアブラムシの兵隊。

をさがしてくる。付近の竹の葉裏から、他種のアブラムシを食っていたヒラタアブとヒメカゲロウの幼虫が見つかった。コロニーにこれらの幼虫をのせてやると、予想通り兵隊が攻撃した。攻撃を受けた幼虫は多数の兵隊に組みつかれ（図表22）、動きがとれなくなってしまうか、組みつかれた兵隊と共に枝から落下した。

地面に落ちてしまえば防衛成功とみてよいだろう。兵隊にしがみつかれた幼虫をアルコール浸けにして持ち帰り、後に実体顕微鏡下で調べてみた。兵隊のツノは見事に捕食者の体に刺さっていた（図表16－右）。

捕食者との関係

このように、兵隊によるコロニー防衛は、外皮の固い甲虫はいざしらず、ヒラタアブやヒメカゲロウの幼虫に対しては極めて有効である。では、アレクサンダーツノアブラムシのコロニーには、捕食者は全くあるいはほとんどいないのだろうか。

そうでもない。けっこう捕食者はいるのである。このことは逆説的に聞こえるかもしれないが、捕食者の存在は必ずしも兵隊説と矛盾するものではない。例えば、クシケアリの巣にはゴマシジミの幼虫が、クロスズメバチの巣にはオオハナノミが侵入して幼虫を食い荒らすということはよく知られている。しかし、だれもこの事実から、クシケアリやクロスズメバチの働き《ワーカー》アリ（バチ）が巣を守っていないとは言わないだろう。

アブラムシの防衛と捕食者との関係は、おおよそ次のような歴史を経てきたものと思われる。最初のアブラムシは皆、できるだけ速く増殖して捕食者から逃げるという戦略をとっていた。やがて、このような無抵抗な餌を専門に、効率的に食べるような捕食者が現われた。餌が無抵抗であるならば、捕食者の側にアブラムシの反撃に備える性質が進化するはずがない。これらの捕食者に対し、あるアブラムシが攻撃性を発達させた。そして、その防衛能力ゆえにこの種は非常に繁栄したに違いない。しかし、繁栄した彼らは、捕食者集団の観点からすれば、魅力ある手つかずの資源ということになる。なぜなら、そこには競争相手の捕食者がいないのだから。

このような状況で、ある捕食者がアブラムシの防衛システムを突破する方法を発達させたならば、その捕食者の成功は約束されたようなものである。もちろん、同じ方法で種々のアブラムシの防衛を突破できはしまい。また、防衛を突破するためには必ず何らかの〝コスト〟がかかるだろうから、攻撃性のないアブラムシを餌とするときには、他の捕食者との競争において不利になるだろう。したがって、彼らは、狭食性の捕食者になるはずである。このような捕食者が出現した。

アブラムシの種類を選ばず、やたらに卵を産みつける捕食者を〝一般的〟捕食者とすれば、右の物語《ストーリー》の最後に登場した捕食者は〝特殊化した〟捕食者ということになる。兵隊の攻撃は一般的捕食者に対して効果はあっても、彼らは、特殊化した捕食者を撃退することはできまい。兵隊を持ったアブラムシに現在見い出される捕食者は、この特殊化した捕食者なのだろう。

このような説明の仕方は、進化論特有の〝何でも説明してしまう〟説明であるとの嫌疑を受けるかもしれない。しかし、兵隊を備えたアブラムシを食っている捕食者が特殊な捕食者であるということは、彼らが兵隊の攻撃をまぬがれるために、一般的捕食者にはないような特殊な方策を発達させているという、テスト可能な予測が出てくるのだ。この観点から、兵隊を出すツノアブラムシの捕食者を見てみよう。

四種の捕食者

アレクサンダーツノアブラムシのコロニーによく見い出される捕食者は、マエウスジロマダラメイガ、タイワンオオヒラタアブ、オオテントウ、*Pseudoscymnus amplus*(以下、タイワンオオヒメテントウの仮称を用いる）の四種である。四種共、やはり兵隊を持った台湾産のツノアブラムシ、タケツノアブラムシとコウシュンツノアブラムシの捕食者でもある。このうちオオテントウについては、兵隊の反応はよく調べられていない。大きな幼虫の外皮はいかにも固そうなので（図表6）、兵隊のツノはおそらく刺さるまい。ただし、若令期の幼虫に対して効果のある可能性はある。

マエウスジロマダラメイガ（図表23）：本種は吉安裕・大原賢二によって最近（一九八二年）新種として記載されたばかりのマダラメイガである。幼虫は完全に肉食性で、アブラムシのみを食べる。彼らは糸を吐き、その糸でアブラムシのコロニーの中にトンネル状の巣をつくる。その中にもぐり込んでいるために、兵隊は手出しができないのだ。そして、ちょこちょこと巣から首を出しては、アブラ

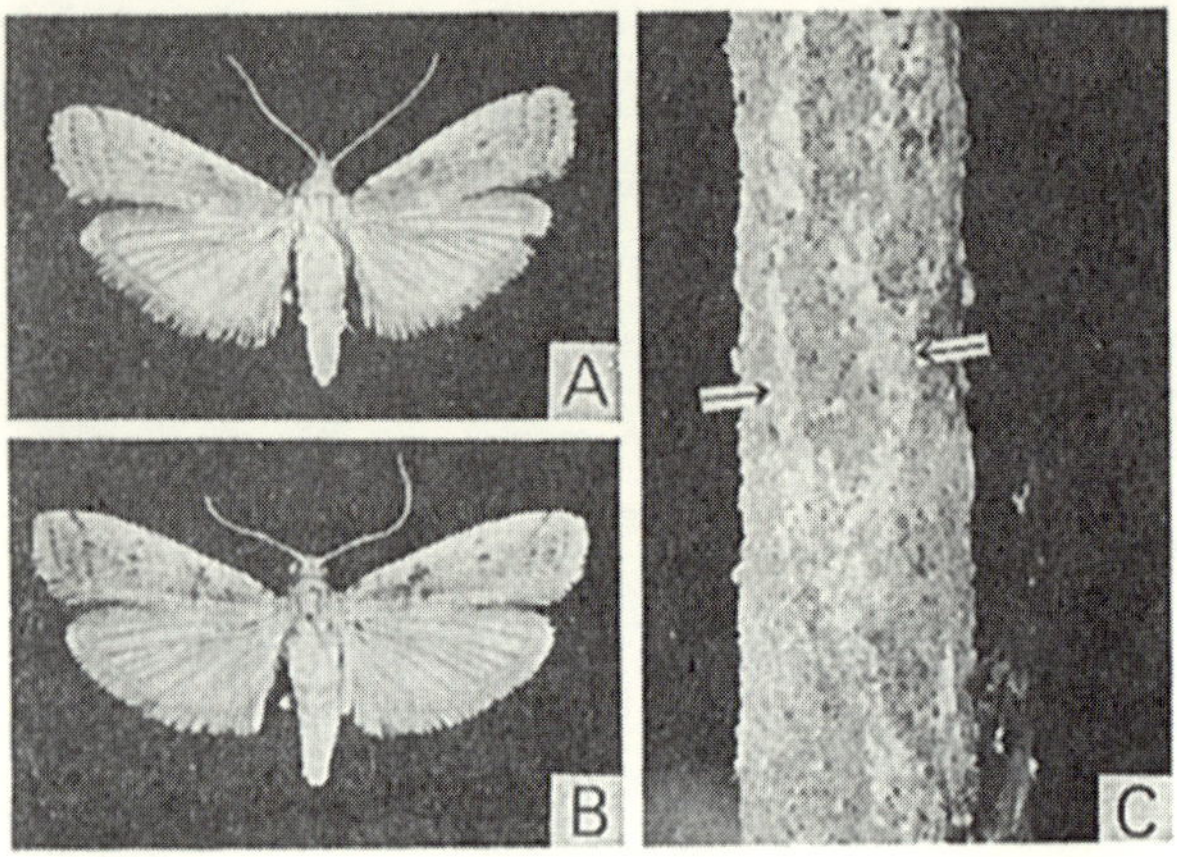

■図表23：マエウスジロマダラメイガ。A：オス成虫。B：メス成虫。C：タケツノアブラムシのコロニー内に形成されたトンネル状の巣。(Yoshiyasu & Ôhara, 1982)。

ムシをついばむ。この幼虫は、巣から出れば、兵隊の攻撃を受けてしまう。ピンセットでつっ突いて一匹を巣から追い出したところ、たちまち兵隊が攻撃した。

　自然状態で、一度だけ、このマダラメイガの幼虫が兵隊によって殺されているのを見たことがある。ただし、アレクサンダーではなく、やはり兵隊を出すツノアブラムシの一種、コウシュンツノアブラムシのコロニーにおいてである。一九七八年の一二月二二日、小雨で寒い日だった。日月潭《リーユエタン》のコウシュンのコロニーの中に、多数の兵隊にしがみつかれた固まりのようなものを見つけた。それは巣の中のマエウスジロマダラメイガ幼虫の死体だった。どうやら、雨で巣がおかしくなったのが原因らしい。特殊化しているといっても、失敗はあるもののようである。

　似たような戦略は、他のツノアブラムシの捕食者であるゴイシシジミによっても採用されている。このチョウの幼虫は、アズマネザサの葉裏に巣を形成し、少くとも若令のうちはその中にひそんでササコ

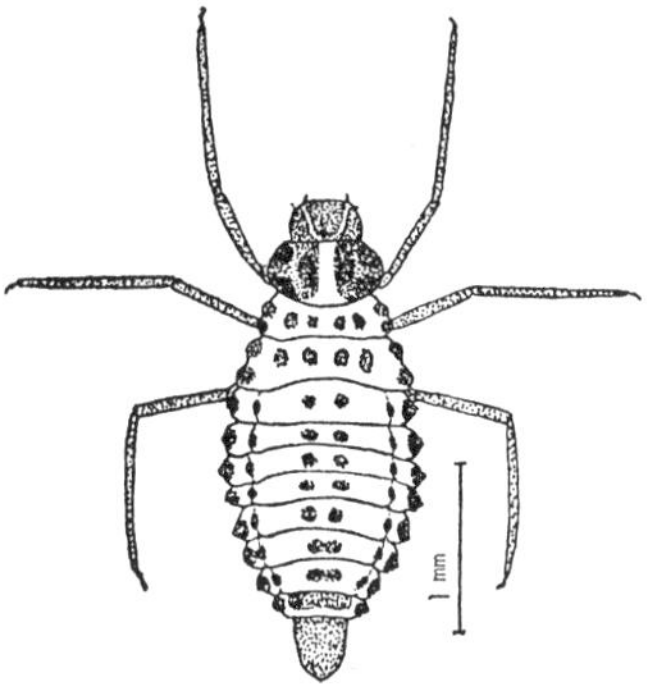

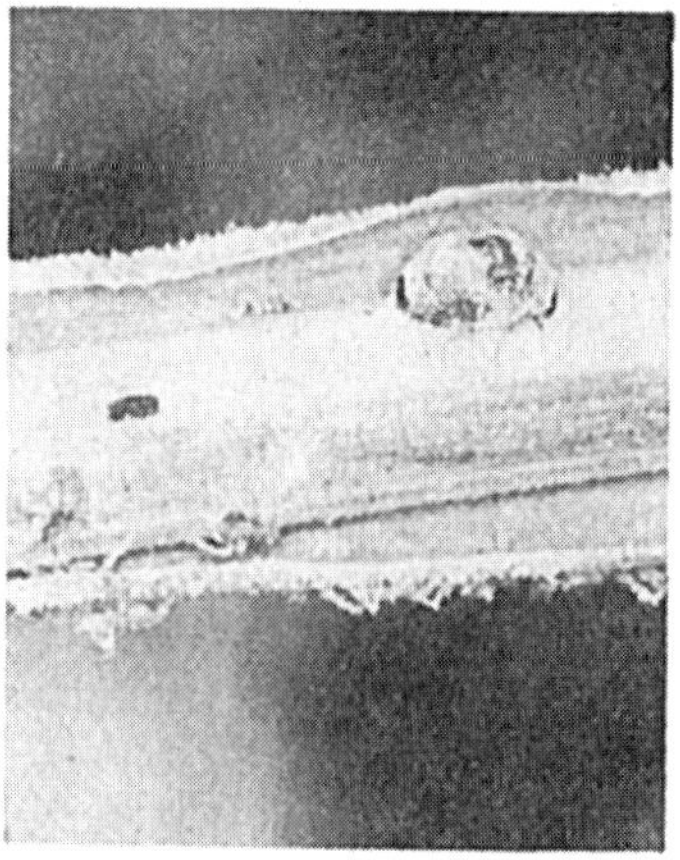

■図表24：タイワンオオヒメテントウの成虫。……右
■図表25：タイワンオオヒメテントウの3令幼虫。（佐々治，『インセクタリゥム』1982）。……左

ナフキツノアブラムシを食っている。

タイワンオオヒメテントウ：成虫は、何の変哲もない、黒い小さなテントウムシである（図表24）。しかし、この幼虫が変わっている。餌であるツノアブラムシに実に良く似ているのだ（図表25）。終令になると、餌よりも少し大きくなるためそれほどでもないが（図表20―C）、若令のうちは本当に良く似ていて、さがし出すのが難かしい。見つけても、目を離すと、たちまちどこにいたのかわからなくなってしまう。福井大学の佐々治寛之博士に見ていただいたところ、アブラムシ型をしたテントウムシの幼虫は初めてであるという。

タイワンオオヒメテントウの幼虫は、ツノアブラムシのコロニーの中で平然とアブラムシを食っている。兵隊は彼らを全く攻撃しない。この幼虫の皮膚はそれほど固くないので、攻撃を受ければまずやられてしまうはずだ。

ところで、アレクサンダーツノアブラムシの兵隊を生かしたままガラスビンに入れておくと、同種個体であってもしがみついてツノを刺してしまう。このような採集法で得たサンプルには、したがって、兵隊に殺《や》られたアブラムシが多数でてくることになる（図表18）。その中に混じって、兵隊にしがみつかれ、ツノが刺さったままのタイワンオオヒメテントウ幼虫が見つかった。つまり、兵隊は〝その気になれば〟この幼虫を殺せるのだ。

では、ふだん、どうやってこのテントウムシ幼虫は、兵隊の攻撃をまぬがれているのだろうか。そのしくみは、残念ながらわからない。兵隊は、仲間のアブラムシと外敵を見分けるために、何らかの信号によっているはずで、このテントウムシの幼虫が巧妙にその信号を真似ていることは疑いない。兵隊が視覚によって、つまり姿・形で識別しているとなれば話はうまいのだが、兵隊には有翅虫《ゆうしちゅう》にあるような発達した複眼はなく、三個の個眼からなる一対の眼瘤《がんりゅう》があるに過ぎない（図表19参照）。

だから、こんな眼で見えるのかと詰問されると、私はたじたじにならざるを得ない。一方、それではなぜこのテントウムシの幼虫はアブラムシに似ているのかと問われても、答に困ってしまうのだ。

タイワンオオヒラタアブ：アレクサンダーツノアブラムシのコロニーで私がこのヒラタアブの幼虫を見たのは、一九八〇年の五月一二日に霧社《ウースエ》で一度だけである。実際にはもっといたものと思う。というのは、ヒラタアブを研究している九州大学の大原賢二さんによれば、このヒラタアブ幼虫は夜行性で、昼間はタケの鞘《さや》の間などに潜んでいる。そして、夜になるとそこからはい出してきて、実に貪欲にアブラムシを食べるという（口絵写真2）。

このヒラタアブも、ただの捕食者ではないことが、大原さんの研究によってわかってきた。ただし彼の観察は、鹿児島でホウライチクのタケツノアブラムシについてなされたものである。タケツノアブラムシはアレクサンダーツノアブラムシに近縁で、生活史も類似している。もちろん兵隊も出す。

主な違いは、アレクサンダーがマチク属の竹を寄主とするのに対し、タケツノのほうはホウライチク属に寄生すること。アレクサンダーの有翅虫（産性虫《さんせいちゅう》）は春に現われるが、タケツノの有翅虫は秋に出現すること、ぐらいである。

タケツノの兵隊は、孵化《ふか》したてのタイワンオオヒラタアブの一令幼虫は殺せることもあるという。しかし、この幼虫が一、二匹のアブラムシを食べて太った後には、もう兵隊の攻撃は効かなくなる。兵隊は幼虫にとびつくのだが、幼虫が何もしなくとも数分で幼虫の体からぱらりと離れて死んでしまう。もちろん、他の捕食者にとびついた時には、こんなことは起こらない。例えば、マエウスジロマダラメイガの幼虫にとびついた兵隊は、幼虫にかまれなければ何時間でも生きている。大原さんは、タイワンオオヒラタアブの幼虫は、体表から毒を出し、これで兵隊が死ぬのではないかと想像している。本当だとすれば、伝説上の怪物バジリスクスのような虫ではないか。

撃退の現場

右に述べた四種の捕食者については、研究は不十分ながら、それぞれが独特の方法で兵隊の攻撃をかわしているという感触は持っていただけたと思う。

しかし、次のような疑問が出されるかもしれない。特殊化した捕食者が兵隊を出すアブラムシを食えるというのはわかった。だが、兵隊は一般的捕食者に効くというが、それは本当なのか。実際に野外で兵隊が捕食者を撃退しているところを観察しているのか。

ほとんど観察していないというのが正直なところである。なぜなら、これは難かしい。兵隊に殺《や》られた捕食者はコロニーから落下してしまうから、証拠が残らない。地上へ落ちた小昆虫など、すぐにアリが運んでしまうだろうし、まず見つかるものではない。
したがって、アブラムシのコロニーを眺めている時に運よく一般的捕食者がやってきてくれて、それが攻撃されるという幸運な場面に出会わない限り駄目なのだ。このことは、これまでアブラムシの攻撃性が見逃されてきた理由の一つであろう。というのは、兵隊を持ったアブラムシのコロニーに出くわしたとて、彼らが、むしゃむしゃと特殊化した捕食者に食われていたら、そのアブラムシに攻撃性があるとはだれも思うまい。

それでも、わずかながら自然状態での観察例はある。たとえばアレクサンダーでは、台湾の春陽村《チウンヤンツン》で見つけたコロニーで、一九八〇年五月一〇日に一度だけ観察できた。私が眺めていた枝の上に、ちょうど飛んできたジョウカイボンの一種（*Themus* sp.）がとまったのだ。すると、たちまち何匹かの兵隊がジョウカイボンの脚や大顎《おおあご》に組みつき、ジョウカイボンは兵隊と共に地上に落下した。ただし、ジョウカイボンは小昆虫を捕えて食べはするが、アブラムシの捕食者と言えるかどうかは問題である。

アブラムシの捕食者をということであれば、最近になって、タケツノの兵隊がヒメカゲロウの幼虫を攻撃するのを一度観察した。

一九八三年の一一月二九日、私は妻と一緒に西表島の星立《ほしだて》というところで、タケツノアブラムシの頭突き行動（後述）を調べていた。ホウライチクの枝上のコロニーをにらみながらデータをとっていると、一匹の小さなヒメカゲロウの幼虫がやってきた。

まず、近くにいた一匹の兵隊が体を起こし、この幼虫めがけて正面からつかみかかっていった。兵隊がひろげた前脚を閉じるのと同時に、ヒメカゲロウが鋭い大顎を閉じた。時代劇の剣豪どうしの戦いを連想しておかしくなったが、両者はつかみあったままで、一瞬どちらが勝ったのかわからなかった。しばらくすると、兵隊の足が、痙攣を起こしたようにひくひくと震え出した。ヒメカゲロウの大顎が勝ったのだ。

こうしている間に、もう一匹の兵隊がこのヒメカゲロウを発見し、その腹部にしがみついた。今度は、このヒメカゲロウの大顎はふさがっている。ヒメカゲロウは尾端を曲げて黒褐色の液体を兵隊に浴びせかけたが、兵隊はひるまない。兵隊が優勢である。

このまま両者共に地面に墜落かと見ていたら、予想がはずれた。なんと、この兵隊は、頭胸部をそらせて、つかんだヒメカゲロウを持ち上げ、えいっとばかりにこれを払い落した。ヒメカゲロウは地面に落ちた。兵隊は、褐色の液体に染まりながらも、枝上に残っていた。相手が小さい場合には、あえて自分の命を犠牲にすることもないということなのだろう。

一般的捕食者が自然状態で攻撃されたもう一つの例は、後ほど述べることにする。

競争者に対する攻撃

ところで、ツノアブラムシの兵隊は〝自衛〟のためだけのものだろうか。もともとはそうだったとしても、いったん戦力を持ってしまえば、それを〝侵略〟に使いたくなるのではないだろうか。わが国の自衛隊はそうならないように願っているが、私は、兵隊を持ったアブラムシが、競争者である他のアブラムシを攻撃することもあるのではないかと予想していた。

一九八〇年五月七日、台湾でこのような現場に出くわした。台湾中部の蘆山温泉《ローサンウエンチユアン》から霧社《ウースエ》へ抜ける道路を歩いて、春陽村《チウンヤンツン》にさしかかった時、農家の入口にマチクが何本か植わっているのが目に入った。これらのマチクは何となくくすんで見える。近よると、案の定、アレクサンダーツノアブラムシの寄生を受けていた。

しばらくコロニーを眺めているうちに、ふと妙なものがいるのに気が付いた。一匹の兵隊だった。この兵隊は、しかし、頭に変な黄色いものをくっつけているのだ。ルーペをとり出してよく見ると、それは、何かの死体の一部であった。

他の昆虫の〝肉片〟が、兵隊のツノにこびりついているのである。

この肉片の正体はやがて判明した。このマチクにはアレクサンダーの他に、もう一種類のツノアブラムシ、タケノヒメツノアブラムシが寄生していた。被害者はこれであった。

タケノヒメツノは黄色の体に緑の縦縞を持った美しいアブラムシで、兵隊も出さないし、外敵に対する攻撃性もない。また、いろいろな種類の竹の葉裏に寄生するので、マチクに寄生した場合には、アレクサンダーと、かち合うこともあることになる。

さらにあたりを見まわすと、まさにタケノヒメツノを攻撃中のアレクサンダーの兵隊が見つかった。最終的には、タケノヒメツノを前脚でしめつけているもの、しめつけ、かつツノで刺しているもの、ツノに完全な死体あるいは死体の一部をくっつけたままのものを、計二〇匹ほど採集できた。

これをアルコールの入った小ビンに入れて持ち帰ったが、何匹かの死体はツノからはがれてしまい、実体顕微鏡下で確認できたのは一四匹に減ってしまった。加害者は、二匹を除いて兵隊だった。二匹は普通の一令であった。述べるのが遅くなったが、兵隊を出すツノアブラムシでは、兵隊ばかりでなく普通の一令幼虫もある程度の攻撃性を示すのである。これは、ボタンヅルワタムシの場合とは異なっている。

アレクサンダーの兵隊がタケノヒメツノを攻撃すると書いたが、急いで次のことを付け加えておかなければならない。

見たところ、兵隊はタケノヒメツノに対しては、捕食者に対するほど神経質ではないのだ。かなりの数のタケノヒメツノがアレクサンダーのコロニーの中を平然と、つまり兵隊の攻撃を受けずに歩き回っている。あるいは逆に、アレクサンダーの兵隊がタケノヒメツノのコロニーに紛れ込んでいることもある。どうやら兵隊は、思い出した時にタケノヒメツノを攻撃するという程度のようだ。この理由はよくわからない。単にアブラムシ型をした動物が兵隊の識別システムにクリアーにひっかからないだけのことなのか、それとも、タケノヒメツノの側でも、兵隊に攻撃されにくい方策を進化させてきているのだろうか。

ついでながら、アレクサンダーなどツノアブラムシの兵隊は、ときどきコロニー内の同種他個体に対して攻撃行動を示す。たとえば、兵隊に向かって歩いてきた個体に対し、突然前脚でつかみかかる。しかし、これ以上攻撃行動が進行することはない。つかまれた個体がぴたっと静止すると、兵隊はすぐに前脚をほどいてしまう。

ただし、一度だけ、自然状態で同種殺しを見た。一匹のアレクサンダーの兵隊がもう一匹の兵隊をつかまえて、ツノを相手の体内に刺し込んでいたものだ。前にも書いたが、ビンに詰めるなど異常な状態に兵隊を置けば、このようなことは簡単に生ずる。

ところで、兵隊を持った二種類のツノアブラムシが出会ったらどうなるだろうか。両者は〝戦争〟をするだろうか。

今から考えると、これを調べるチャンスが一度だけあった。私はそれを見送ってしまったようだ。アレクサンダーとタケツノは、寄主とするタケの種類が異なるため、自然状態で両者が出会うことはない。しかし、タケツノとコウシュンツノアブラムシは共にホウライチク属の竹に寄生する。前者は稈《かん》と枝のみ、後者は稈や枝ばかりでなく葉裏にも寄生するという違いはあるが、自然状態で両者の接触は当然あるはずだ。

一九七八年の一二月に台湾の日月潭《リーユエタン》のほとりで調査していた時には、この両種が、二メートルと離れていない隣り合った竹の株にコロニーを形成していた。コウシュンの寄生していた竹の若い稈は、まだ容易にたわんだから、これをたぐり寄せてタケツノのコロニーのある枝にしばりつけ、コロニーの接触をはかってやればよかったのである。

その他、わかっていること

兵隊は本当に不妊か：ツノアブラムシの兵隊もまた不妊である。彼らは一令であるが、それ以上脱皮・生長することはない。本当にそうなのか。状況によっては、彼らは生長して、子供を産む場合があるのではないかと思われる人もあるだろう。

そういうケースは、確かに論理的には可能である。しかし、現実にはそういう個体は見つかっていない。脱皮途中の、つまり二令の皮膚を体内に形成した兵隊は、数百の兵隊をプレパラート標本にして調べているが、出てこない。また、そのような個体はアルコール浸けの状態でも、体、とくに腹部が膨れているので、実体顕微鏡下で見るとそれとわかるものだ。したがって、脱皮途中の個体がいれば、兵隊とそうでない個体のより分け作業の時にも（これは兵隊率を出すためのものである）気がつくはずである。

アレクサンダーツノアブラムシの兵隊は、また、体長に非常な変異がある。肉眼で見ても、大きい兵隊とさほどでもない兵隊が混じっているのがわかる。大きいのは小さい兵隊が脱皮したものではない。繰り返しになるが、特大の兵隊でも無翅虫《むしちゅう》のお腹から出てくるのだ。

なぜこんなに変異が大きいのかは、よくわからない。それから、ボタンヅルワタムシでは見られないことだが、ツノアブラムシの場合、兵隊と普通の一令幼虫どっちつかずの中間型が少数ながら現われる。

兵隊の割合はどのくらいか：アレクサンダーでは、断片的な二つのデータしかない。山根君と木内君が採ってきてくれた一九七六年一〇月三一日の日月潭《リーユエタン》のサンプルでは、全個体数の一三パーセント、一九八〇年五月の春陽村《チウンヤンツン》のサンプルで三・五パーセントであった。

タケツノでは、鹿児島市花倉《けくら》で巣瀬司君らによって得られた年間を通じてのデータがある。兵隊率は季節によって著しく変動し、ピークは一一月で、一九八〇年は一七パーセント、七月の最低時にはほとんどゼロになっている。

兵隊は何を食べているのか：ボタンヅルワタムシの兵隊の餌はいまだによくわからないが、ツノアブラムシの兵隊についてははっきりしている。彼らは、生殖個体と同じ部位で吸汁している。これは、例えばアレクサンダーなら、マチクの葉ごとアルコール浸けにした標本を実体顕微鏡の下で調べると、口針を挿入している兵隊がいることからわかる。

ツノアブラムシでは、兵隊と生殖個体との間で口吻長《こうふんちょう》に顕著な差はないので、形態上からの制約はない。ただし、私はまだ兵隊が甘露《かんろ》を排出するのを確認していない。特定の個体を長時間じっと眺めていれば見られるはずであるが、兵隊は生殖個体ほど多量の汁液は吸わないのかもしれない。

足振り行動：アブラムシにかなり普遍的に見られ、そして古くから知られていて、しかも今だになぜこんなことをするのか満足のいく説明が与えられていないのが〝足振り行動〟である。アレクサンダー、タケツノ、コウシュンら、竹の稈《かん》や枝に寄生するツノアブラムシは皆この行動を示す。彼らは〝驚かす〟と、いっせいに後脚をばたばたさせるのである。

例えば、アレクサンダーのコロニーが形成されたマチクの枝に、軽くふれてやる。すると彼らは、尻を持ち上げ、前・中脚はそのままで、後脚だけをばたばたさせる。これだけならよいのだが、この行動と同調させて、彼らは甘露《かんろ》をお尻から排出する。これが雨のように降ってくるので、観察していると頭がべとべとになってきて、まことに気持ちが悪い。すべての令期のアブラムシがこの行動を示す。兵隊もやる。ただし、一部の兵隊は足振りをするかわりに、いかにも兵隊という風に、興奮した様子で枝の上を歩き回った。

なぜ、彼らは足振りをするのだろうか。わからない。しかし、アイデアだけでも良いからというのであれば、まず〝こけおどし〟という仮説が浮かぶ。彼らが、いっせいに足振りをすることによって、タケの枝は突然太くなったように見える。これによって、鳥のような捕食者がびっくりして逃げ出すこともあるのではないだろうか。ちなみに、アブラムシの中には、おどされると音を出す種もいるとのことである。

コロニーの存続期間：アレクサンダー、タケノツノなどのツノアブラムシは、亜熱帯のタケという安定した寄主植物に寄生する。そして、彼らは多数の兵隊を出してコロニーを守る。それゆえ、彼らのコロニーは、普通のアブラムシに比べればずっと長期間継続することが予想される。

アレクサンダーに関してはデータは全くないが、タケツノに関しては、巣瀬君らが兵隊率の変動を調べていた鹿児島県花倉のコロニーが、少くとも二年続いたという記録がある。

コロニーの創設：コロニーの創設に関しては、ほとんどわからない。普通のアブラムシでは有翅虫《ゆうしちゅう》が飛んできて子供を産み、これが増殖してコロニーとなる。しかし、アレクサンダーやタケツノの竹に形成されるコロニーでは、竹で繁殖できるような子供を産む有翅虫は出現しない。わずかばかり現われる有翅虫は、ボタンヅルワタムシの場合と同じく、産性虫《さんせいちゅう》つまり有性生殖《ゆうせいせいしょく》をするオス・メスを産む個体であって、彼らは一次寄主に飛んでいく。両種共、その一次寄主はエゴノキ属であるとの推定はつくのだが、何であるかはわからない。

一次寄主があれば、そこから飛来した有翅虫が竹のコロニーの創設者になりうるが、果して本当に一次寄主があるものかどうか、実は疑わしいのである。というのは、アレクサンダーの寄主であるマチクは台湾には人為的に導入されたものなので、アレクサンダーも帰化動物である可能性が高いのだ。タケツノも、台湾の個体群はともかく、日本の個体群が一次寄主に戻っているなら、すでに発見されていてもよいと思う。

このような理由で、これらの種《しゅ》のコロニー形成の主要な様式は、無翅虫《むしちゅう》や幼虫の竹の株間移動によるものと考えざるを得ない。近くの株には〝出芽《バディング》〟のような形でコロニーの一部が移民し、遠方の株へは風に飛ばされるなどして分布を拡大しているものと想像している。実証的な研究はなされていない。

この問題と関連するが、アレクサンダーの一令幼虫は風に乗って飛ぶことがわかった。ダニやカイガラムシでは、翅《はね》のない小個体が風に乗って分散することは良く知られた事実である。しかし、アブラムシではほとんど報告がないのではないかと思う。

一九八〇年の五月一〇日、前述した台湾の春陽村で、私は秋元信一君と共にアレクサンダーのコロニーを観察していた。気がついたのは彼だった。一令幼虫が風に乗って飛んでいくというのだ。最初、私には見えなかった。見ていたはずが、見えていなかった。言われてみれば、そよ風が吹くたびに、何やらゴミのようなものが飛んでいく。脱皮殻ではない。彼の言う通り、生きた一令幼虫である。

私は、コロニーに向かってフーッと息を吹きかけてみた。面白いように一令が舞いあがる。秋元君が紙袋を反対側にあてがって、吹き飛んだ個体を受ける。このようにして採集した二〇七六個体のうち二〇四四が一令だった。疑いなく、風に乗るのは一令幼虫である。

彼らがどのくらいの距離を飛ぶのかは、よくわからない。このマチクは斜面に生えていた。この斜面を上ってバス道路に出たところ、距離にして約二〇メートル離れた場所に木のくいが立っている。このくいの上に、一六四の一令幼虫が歩き回っていた。下の方の個体は上にむかって歩いてくる。おそらく、不適な植物にたどりついた一令は、高い所にはい上り、再び風に乗って飛んでいくのだろう。

同じような一令幼虫の風による分散は、その後、大原さんによってタケツノアブラムシでも見い出された。鹿児島で一九八二年四月に観察したものである。彼からの私信を引用しておこう。

「私の家のタケツノアブラムシのついているホウライチクは、上半分が枯れて三〇センチほど折れ曲がった竹でしたが、朝、太陽が当たってきたころから、一令幼虫がわんさかとその竹を上っていき、(その間、もちろんメスはつぎつぎに一令をひり出しおるわけですが)、何千という一令がワイワイと声でも出しそうな勢いで竹の上に登りつき、風が吹くと同時にワァーッと飛ばされるのですね。下の方のコロニーから出たやつは、その上の節のコロニーを乗り越えて、チョコチョコとそれは忙しそうに登っていきます。上の方に着くと、しばらくジィーッと待っていて、風が吹くと、ワッと手を離して落ちるが如く、それはまあたくさんの一令が飛ぶものでした。ところが、十二時を過ぎるころからこれがピタリと止まってしまい、一令で上に登るものはなくなり、コロニーのあたりにいるやつを吹いても、しっかりしがみついて落ちないのです。」

〃飛びたくない〃一令は飛ばないということなのだろう。彼らは、単に風に吹き飛ばされるのではなくて、積極的に風に乗っているもののようだ。

以上、「わからない」を連発しながら、アレクサンダーを中心に兵隊を持ったツノアブラムシの生態を紹介してみた。この種やタケツノが、最も情報量の多い兵隊を出すアブラムシであるといったら、失望される読者もおられるだろう。若干言い訳めくが、とてもアリストテレスの時代から知られていたミツバチのようなわけにはいかないのだ。

しかし、細部に不明の点が多いからといって、もっと面白そうな問題に手をつけてはいけないという法はない。本章の残りの部分では、兵隊の起源の問題を扱うことにする。すなわち、兵隊を生産するアブラムシは、どのような中間段階を経て進化してきたのだろうか、という問題である。彼らのたどってきた過程を再構成することは、また彼らの現在を知るための手がかりを与えてくれることになるはずである。

〃前社会性〃のアブラムシ

ボタンヅルワタムシやツノアブラムシの兵隊は、次の三つの特徴を持っている。

第一に、彼らは外敵に対して自己犠牲的な攻撃をかける。第二に、彼らは対応する令期の普通の幼虫と、形態的に明確に異なっている（「対応する令期」と書いたのは、ボタンヅルワタムシやツノアブラムシの兵隊は一令だが、次章で述べるように二令の兵隊を持つ種もあるからである)。第三に、彼らはそれ以上脱皮・生長せず、生殖には関与しない。

本書では、この三つの特徴を備えた個体のみを〝兵隊〟と呼ぶことにする。昆虫社会学の慣例にならえば、このような兵隊カストを持ったアブラムシは〝真社会性〟の種《しゅ》ということになる。

なぜ〝兵隊〟の定義など述べたかといえば、外敵に対して攻撃性はあるけれども、兵隊を持たないアブラムシが存在するからである。このような〝前社会性〟のアブラムシは、兵隊アブラムシ発見の翌年(一九七七年)、まず二種みつかった。ケヤキの葉を捲くケヤキワタムシ、ドロノキの枝にゴールを作るドロエダタマワタムシである。両者共、札幌では昔からの顔なじみで、そういう目で見なければ見えないもの、と呆れてしまった。

ケヤキワタムシは一令に攻撃性があり、ヒラタアブの幼虫などをコロニーにつけてやると、多数が襲いかかって口針《こうしん》で刺す。攻撃性は激しいほうだが、兵隊カストは分化していない。つまり、一令期に、形態的な二型は生じていないのである。彼ら一令は、捕食者に出会わなければ生長して子供を産む。

ドロエダタマワタムシも同様で、一令期に攻撃性がある。ただし、攻撃性のほうは今一つ迫力に欠ける。しかし、この種は他種にはない攻撃のレパートリーを持っているので、ちょっとふれておこう。ドロエダタマワタムシの一令幼虫(図表26)は、後脚が発達し、やや太くなっている。彼らのゴールを割って中にハマキガの幼虫を入れてやったところ、何匹かの一令幼虫がしがみついて、体前方をやや起こし、口針でこの幼虫を刺した。

さらによく見ると、しがみついた一令が、何やら後脚をグイグイと動かしている。最初は、まさか

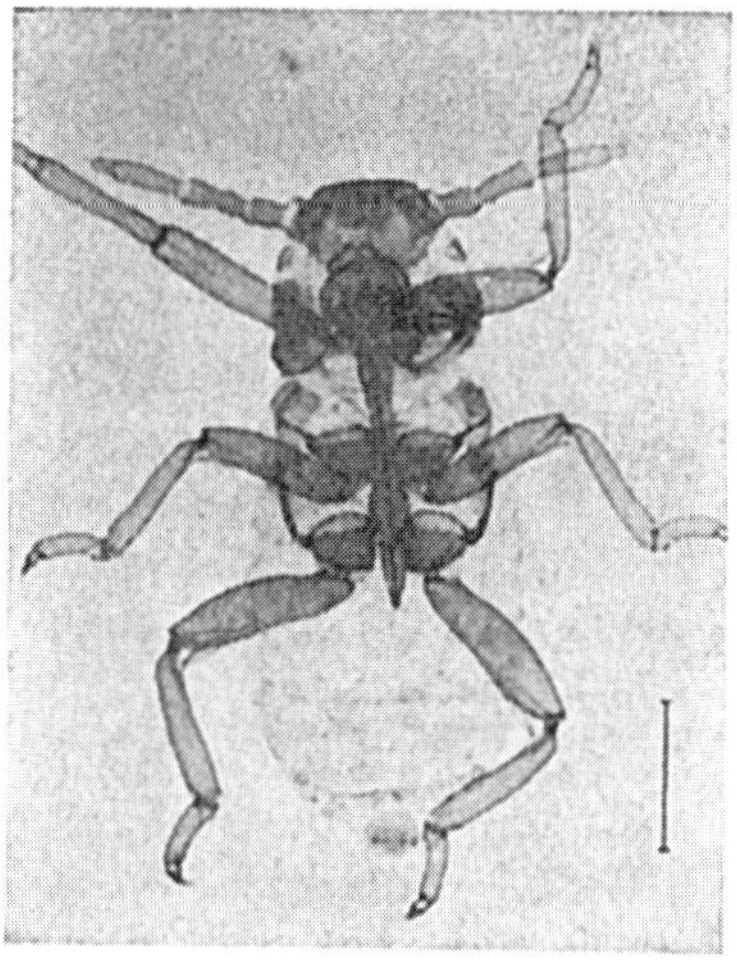

■図表26：ドロエダタマワタムシの１令幼虫。スケールは 0.2㎜。

と思った。彼らは、後脚の爪でガの幼虫の皮膚を引き裂いていたのである。これに気づいたのは、実は、少し後のことだ。アルコール浸けにしておいた、一令幼虫がしがみついたままのガの幼虫を、再び取り出して実体顕微鏡でのぞいてみると、一令の後脚の跗節《ふせつ》が皮膚を突き破って幼虫の体にくい込んでいるではないか。アルコールに投入後も離れなかった一八匹の一令幼虫のうち、七匹が、一方または両方の後脚の跗節を幼虫の体内に挿入していた。

さて、ドロエダタマワタムシには後でもう一度登場してもらうことにして、本題に戻ろう。

現在見られる兵隊を生産する真社会性のアブラムシは、現在、ケヤキワタムシやドロエダタマワタムシに見られる前社会性の段階を経て進化してきた、と考えるのが妥当ではないだろうか。攻撃性のないアブラムシを祖先型として、兵隊を出すアブラムシは進化してきたのだろうが、まず、ある特定の令期に、外敵に対する攻撃性が生じ（前社会性の段階）、そして、次に、この令期にカスト分化が生じた。つ

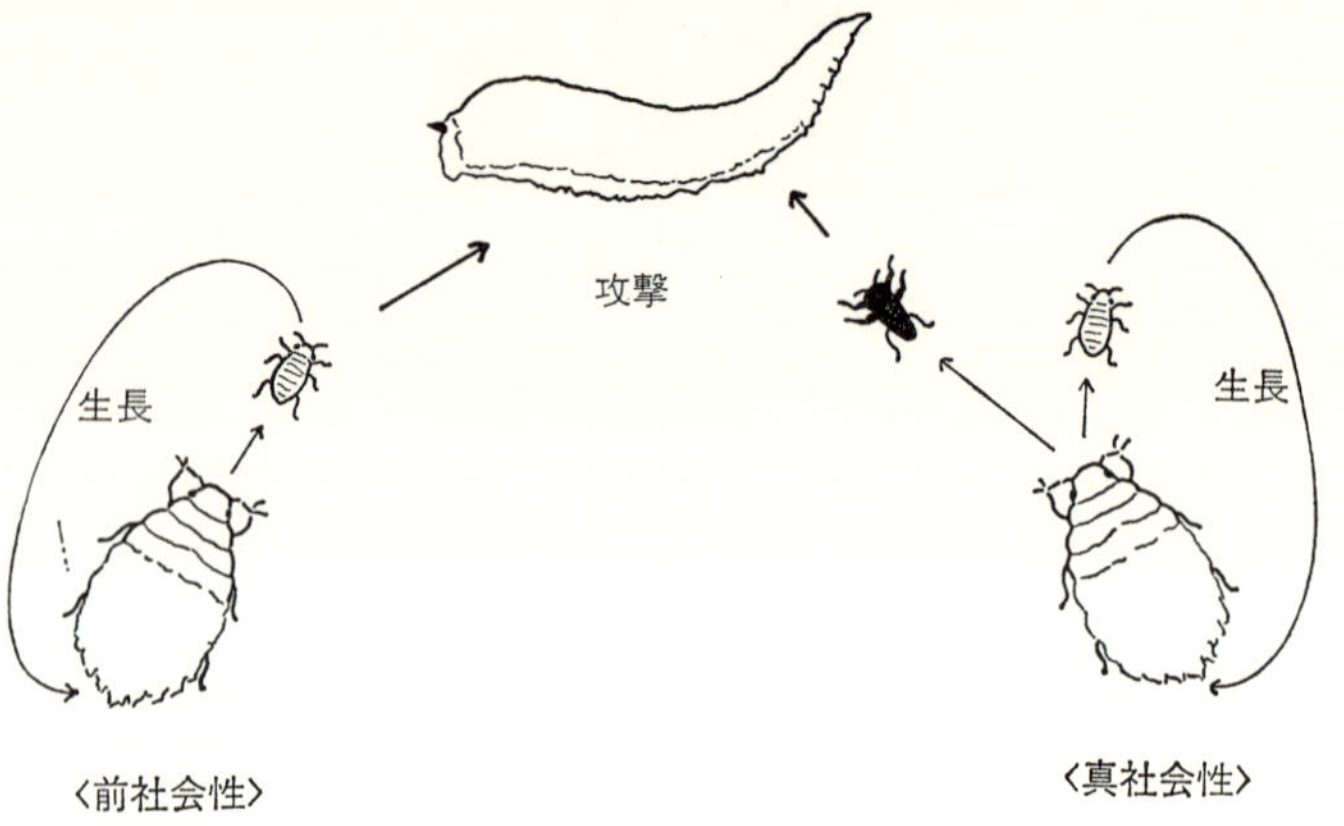

■図表27：前社会性と真社会性のアブラムシ。

まり、生長する幼虫（生殖個体）と生長せず防衛に専念する幼虫（兵隊）が分化した（真社会性の段階）のではないか（図表27）。

兵隊の起源をたどるためには、このような各段階を示す種が、一つのまとまった系統群の中で揃っていてくれるとまことに都合が良い。だが、ケヤキワタムシやドロエダタマワタムシの近縁種に、兵隊を持った真社会性の種はいない。

ボタンヅルワタムシは、他に同属のものが三種いるが、二種は立派な兵隊を出す真社会性種であり、残りの一種については生活史がよくわかっていない（一次寄主であるケヤキで出現する世代は前社会性ということになるが、比較の対象としては不適である）。

ツノアブラムシの仲間はどうか。真社会性種と全く攻撃性のない種はいるが、前社会性の近縁種はいない、とつい最近まで思っていた。ところが一九八二年に一種みつかった。カンシャワタムシ（サトウキビコナフキツノアブラムシ）である。これによって、ツノアブラムシ類では、各段階が一通り揃った。以下に、ツノアブラムシが兵隊を持つに至った道を推定してみよう。

カンシャワタムシ

アレクサンダーやタケツノなど、真社会性のツノアブラムシの兵隊は一令である。また、彼らはツノを使って敵を刺す。したがって、彼らが前社会性の段階であった時は、一令は単型であったろうが、この一令がツノを使って外敵を攻撃していたにちがいない。

カンシャワタムシはアジアの熱帯から温帯まで広く分布する種で、インド、フィリピン、台湾などでは、サトウキビ（甘蔗）の害虫として著名である。このため、その生態も古くから、少なからぬ昆虫学者によって研究されてきた。このような虫の攻撃性が、いままで発見されずに残っているとは思わなかった。

このアブラムシはススキにも寄生するため、サトウキビの栽培地域ばかりでなく、本州のような温帯にも分布している。ススキの葉裏に群がって多量のワックスを分泌し、真白な良く目立つコロニーを形成する。本種では、ススキからススキへ分散する有翅虫《ゆうしちゅう》が出現する点で、アレクサンダーやタケツノアブラムシとは異なっている。

攻撃性を最初に見つけたのは、東京で高校の先生をしておられる薄葉重《うすばしげし》さんである。薄葉さんによると、一九八二年の六月二七日に浦和市でススキの葉裏に本種のコロニーを見つけ、持ち帰って室内でアブラコバエの幼虫をのせてやったところ、一令幼虫がこれを攻撃したという。

一九八三年、この年北海道から関東へ移った私は、妻と一緒に本種の生態調査を始めた。そして、熊谷にある立正大学の校内で、このアブラムシの攻撃性を自然状態で確認することができた。

ヒラタアブ幼虫に対する攻撃行動は、二度観察した。どちらの場合も、種名は同定できなかったため、彼らが特殊化した捕食者であったのかどうかはわからない。一〇月一七日に観察した一例は、明らかにヒラタアブ（約四ミリの幼虫）の勝ちだった。数匹の一令がとびついてツノで突き刺そうとしたが、ヒラタアブは体をねじって難なく彼らを口器で殺してしまった。

一〇月一五日に観察したもう一例は、逆にアブラムシ側の勝ちであった。この日、ススキの葉裏で、一匹の小さな、おそらく孵化《ふか》してまもないヒラタアブの一令幼虫が、三匹のアブラムシ一令の攻撃を受けているのを見つけた。私は、このススキの葉をそっと切り離して実験室へ持ち帰り、裏面を上にして実体顕微鏡下で彼らの行動をながめた。ヒラタアブは、すでにぐったりとしていた。しがみついているアブラムシの一令は、ツノを挿入しようと懸命にがんばっている。しかし、ツノは刺さらなかった。普通の一令による攻撃は、アレクサンダーなどの兵隊の攻撃にくらべ、やはりパワーで劣るのだろう。

と、そのうちの一匹が、少し違った行動をとっているのに気づいた。この個体は、どうやら、ヒラタアブ幼虫の下にもぐり込もうとしているようだ。そして、もぐり込んでは時々背中をぐいっとあげる。こうすることによって、この幼虫を落下させようとしているのだ。この観察は、上下逆の状態で行なったわけで、これが正常の状態なら、とっくにこのヒラタアブ幼虫は地上に落下していたと思う。

カンシャワタムシの一令幼虫は、また、捕食者の卵をも攻撃する。

九月二〇日、コロニーの形成されたススキの葉裏に、二〇個のヨツボシクサカゲロウの卵が産みつけられているのを見つけた。細い糸のような柄《え》の上に、美しい緑色の卵が光っていた（図表7参照）。

二日後の九月二二日に再び調べた時には、このうちの四卵にカンシャワタムシの一令がくっついていた。ということは、彼らは、細いクサカゲロウの卵の柄をよじ登ったのである。

この四匹の一令は、卵をツノで繰り返し突いている。そして、攻撃を受けている卵は、みなすでに変形していた。また、その他に五卵が変形していた。これらの変形卵は、どれも孵化しなかった。

熊谷周辺で最も多い捕食者は、ハキオビヒラタアブである。この真白なヒラタアブの幼虫は、実に貪欲にカンシャワタムシを食べ、彼らの捕食が、おそらく、コロニー絶滅の主因になっていると思われる。黄と黒の縞模様を持った美しい成虫は、カンシャワタムシのコロニーの形成されたススキの葉の裏の縁に沿って、一個ずつ、白く細長い卵を産みつける。この卵が、しばしばワタムシ一令の攻撃を受けるのだ。

一令の、卵への攻撃行動は次のようなものである。まず、卵を前脚でつかむ。あるいは卵の上にすっかり乗ってしまう（図表28）。次に、中脚と後脚をのばし、体の後半部を持ち上げる。ただし、腹端は下方に曲げている。そして、頭部のツノの先端を卵の表面にセットし、この姿勢から一気に体を前方に突き出す。こうして、ツノの先端に力をかけるわけだ。この一連の行動は、何回も何回も繰返される。

また、この攻撃の最中に、彼らはしばしば赤黒い液体を腹部背面にある角状管《かくじょうかん》から噴出する。他の多くのアブラムシにおいては、角状管からの分泌物は警報の役割をしているといわれ、捕食者からの物理的な刺激を受けると噴出する。この警報フェロモンをキャッチした他個体がその場から逃げ出すのである。しかし、カンシャワタムシの卵攻撃をしている一令は、捕食者につつかれたわけではない。彼らは〝自発的に〟やっていることになる。全くの推測だが、この噴出物は他の一令の応援を求める

■図表28：ハキオビヒラタアブの卵を攻撃中のカンシャワタムシ１令幼虫。

信号となっているのかもしれない。

ところで、カンシャワタムシの一令がしつこくハキオビヒラタアブの卵を攻撃すると述べたが、実はその効果については、はなはだ疑問なのである。

このヒラタアブの卵殻《らんかく》は非常に固い。私はまだ、アブラムシの攻撃によってつぶされたハキオビの卵を見ていない。ハキオビの卵殻は、孵化後も、しばらくの間は葉に付着しており、カンシャワタムシの一令がむなしくこれを攻撃しているのを何回か見かけた。ハキオビヒラタアブは、おそらくカンシャワタムシに特殊化した捕食者であると思う。

ハキオビについで普通に見られる捕食者はヨコジマオオヒラタアブである。こちらのほうはカンシャワタムシの一令の攻撃を受けると卵は変形する。ヨコジマの卵は、ハキオビの卵に比べると大きいが、卵殻は、ハキオビほどかちかちではない。

面白いことに、ハキオビヒラタアブは卵をカンシャワタムシのコロニーに直接産みつけるのに対し、ヨコジマのほうは、コロニーからある程度離れた場

■図表29：タイワンオオヒラタアブの卵をつぶすタケツノアブラムシの兵隊（大原賢二氏提供）。

所に産みつける。たとえば、ススキの葉の先端、あるいは、葉の上面などに産卵する。しかし、カンシャワタムシの一令は、ちょこちょことあちこちを歩き回ることによって（パトロールか？）、このような卵をも発見してしまう。それでも、ヨコジマの幼虫が見い出されるから、ある程度の〝見逃し〟はあるはずだ。この黄土色の幼虫も、やはり貪欲にカンシャワタムシを食べる。

もう一種、未同定のヒラタアブの卵がやられているのを一〇月一〇日に見い出した。ススキの葉裏に四個の卵塊《らんかい》として付着していたもので、三匹の生きた一令と一匹の死んだ一令がくっついていた。発見時、すでに、四卵ともほぼ完全につぶれていた。

カンシャワタムシ一令の卵攻撃は、ハキオビヒラタアブを除く捕食者に対しては、かなり効いているようである。

話は多少前後するが、卵攻撃のことを述べたついでに、タケツノアブラムシ兵隊の卵攻撃についても、ちょっとふれておこう。前（六一ページ）に、タケ

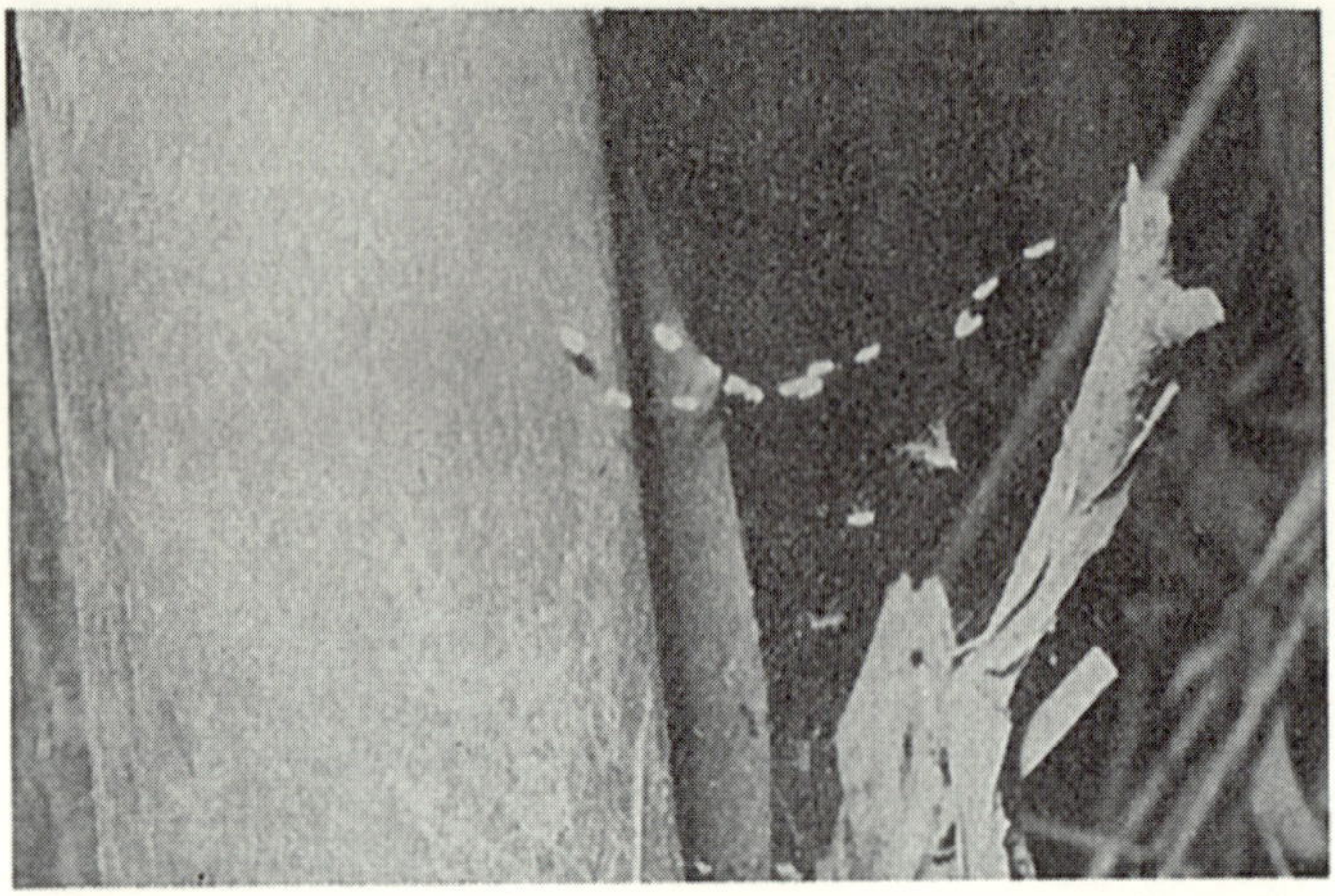

■図表30：クモの糸の上に産みつけられたタイワンオオヒラタアブの卵（大原賢二氏提供）。

ツノの兵隊は、彼らに特殊化した捕食者であるタイワンオオヒラタアブの幼虫には歯がたたない（ツノがたたない?）と書いた。が、兵隊は、タイワンオオヒラタアブの卵ならばつぶせるし、また見つけると実際につぶすのである（図表29）。これも大原さんの発見なのだが、この話には続きがある。

タケツノのコロニーができるホウライチクは、たいてい薄暗い所に生えている。そして、クモの巣がからまっていることが多い。タイワンオオヒラタアブは（常にではないが）、このようなクモの糸の上に産卵するのである*（図表30）。孵《ふ》化《か》したヒラタアブの一令は、クモの糸の上をぴこぴこと這《は》うことができる。しかし、タケツノの兵隊は、その上を歩行することができない。それゆえ、ヒラタアブの卵は、タケツノの兵隊の攻撃をまぬがれるという。

クモの糸の上などというのは、物理的には非常に不安定な場所である。風で糸が切れ、卵が飛ばされてしまうことだってあるだろう。それでも産むということは、兵隊による卵つぶしがかなり効いているということだろうか。

さて、カンシャワタムシに話を戻そう。本種が、ほぼ、アレクサンダーやタケツノなど真社会性ツノアブラムシの想定される前段階に対応しているということは納得していただけたことと思う。もちろん、カンシャワタムシは前段階そのものではない。しかし、本種の存在は、想定される前段階の戦略が十分やっていけたであろうことを裏付けている。

カンシャワタムシは、一令にだけ外敵に対する攻撃性があるわけだが、彼らの形態も、また、行動に対応している。前に述べたように、ツノアブラムシにはみな頭部に一対のツノがある。このツノは、カンシャワタムシでは一令期で最も鋭く、また最も長い。絶対値で最長になっている。アレクサンダーとタケツノでもこれは同様で、兵隊（一令）が最長、普通の一令が二番目に長い。

ツノの起源

ツノで外敵を刺す。これは何とも奇異ではないだろうか。ツノアブラムシ以外の攻撃性のあるアブラムシは、みな口針《こうしん》で敵を刺す。こちらは理にかなっているように思える。というのは、アブラムシの口針は、もともと固い植物組織を突き通すように進化してきたのだ。このような口針が、動物の皮膚を刺す武器に使われたとしても不思議ではあるまい。おまけに口針を使えば、アブラムシは唾液を敵の体内に注入することができる（アブラムシは吸汁に際して、植物体中へ唾液を注入する）。この唾液が〝毒〟として働く可能性だってあるわけだ。

ところが、ツノアブラムシの兵隊（および普通の一令幼虫）は、ツノで敵を刺す。彼らが口針を用いずツノを使ったのは、単なる歴史的偶然であったのかもしれない。しかし、それにしても一つの問題が残る。

現在の兵隊に見られるツノは、確かに長くて鋭い。それは、外敵を突き刺すための有効な武器になっている。だが、ネオ・ダーウィニズムの観点からすれば、長いツノが突然現われるわけがない。ツノは最初は短かく、これが改良されて徐々に鋭く長くなってきたはずだ。では、ツノが短かかった頃の彼らを想像してみよう。短かい進化しはじめのツノでは、どうしたって外敵を傷つけることはできまい。とすれば、この短かいツノはどのような有利性で進化したのか。

この手の問題は、前適応の問題といわれる。ツノアブラムシのツノは、もともと外敵を突き刺すこととは別の機能を持っていたにちがいない。この機能は、短かいツノでも果たせるものでなければならない。そして、この機能の有利性のゆえにツノがある程度発達した後で、このツノが敵を突き刺す武器として転用されたと考える。ツノアブラムシのツノの前適応は何かという問いは、このもともとの機能は何かを問うているのである。

ところで、ツノアブラムシの仲間には、外敵に対する攻撃性がないものもある。前に一度登場したタケノヒメツノアブラムシ、ササガヤというイネ科の草本に寄生するササガヤコナフキツノアブラムシ、同じくイネ科草本のアシボソに寄生するエゴノネコアシアブラムシ**などがそうだ。

これらのアブラムシも、やはり頭部に一対のツノを持っている。では、このツノは何をするためのものかというと、このツノを使って彼らは〝頭突き〟をする。

頭突き、といっても、兵隊がツノで外敵を突き刺す行動とはちょっと違う。この頭突きは、外敵に対してではなく、同種の他個体に対して、それも同じコロニーの仲間に対して向けられるのである。

エゴノネコアシアブラムシを例にとって、この頭突き行動を説明しよう。

■図表31：エゴノネコアシアブラムシのコロニー。

エゴノネコアシアブラムシは、アシボソの葉裏にコロニーを作るツノアブラムシである（図表31）。〝エゴ〟はエゴノキのことであり、本種は一次寄主であるエゴノキに奇妙なゴールを形成するため（一〇六ページ参照）、こんな名前になっている。アシボソは二次寄主である。このアブラムシも、一令から成虫まで一対のツノを持っている。

頭突き行動をする個体、〝攻撃個体〟は、歩き回っている定着場所の定まらない個体である。一方、被害者は、定着して吸汁している個体である。攻撃個体の多くは他個体の背後、すなわち尻の部分から攻撃する（図表32―1）。

攻撃個体は、脚を植物体上に固定し（足場を固め）、体を後にひいてから、ぐいと体全体を前に突き出し、ツノで他個体を突く。この行動を、素早く何回も繰返すのだ。すると、攻撃されたほうは、尻の下から突き上げられることになるため、尻上げを余儀なくされてしまう。か、あるいは、ある程度は自発的に尻を持ち上げるのかもしれないが、いずれ

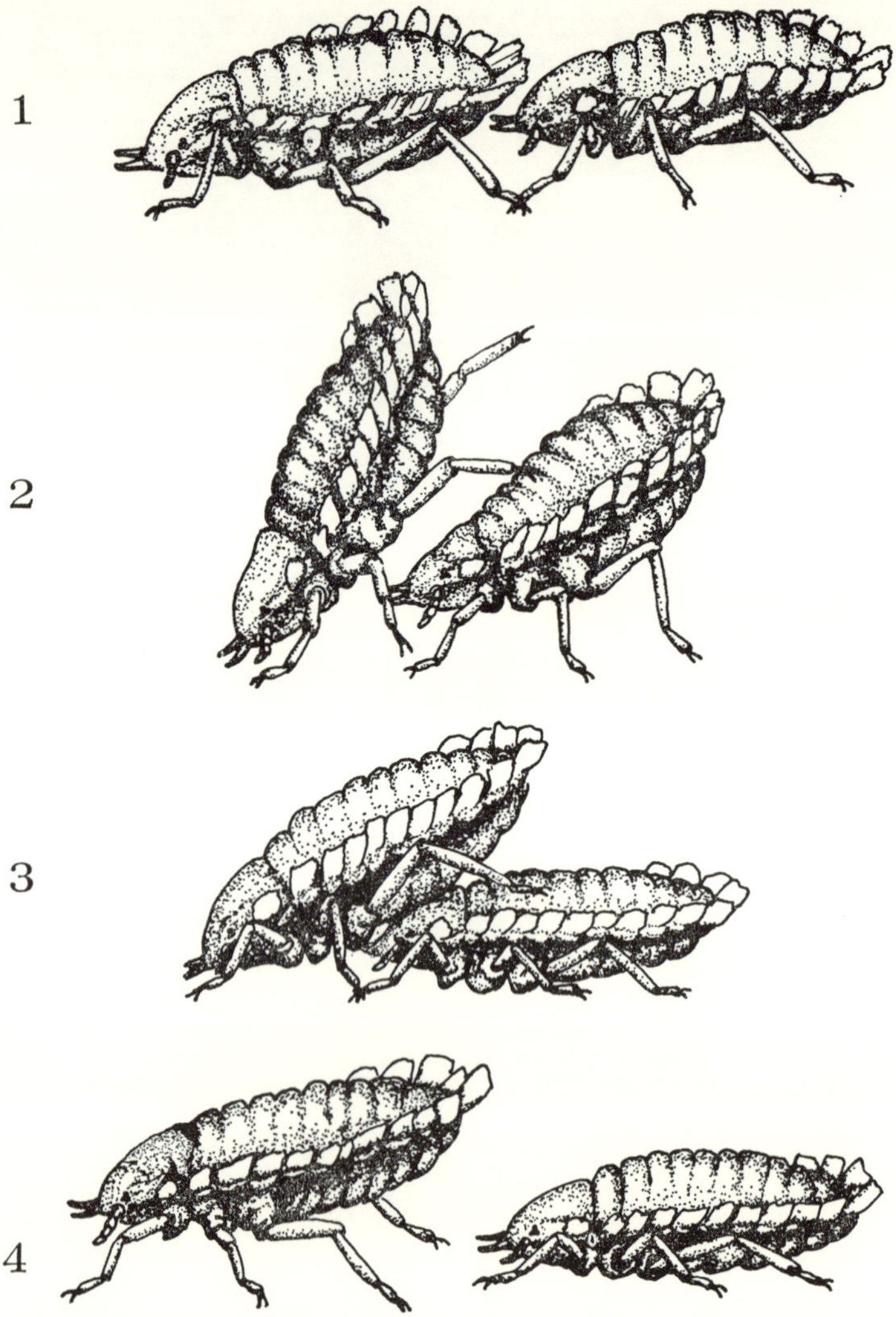

■図表32：エゴノネコアシアブラムシの頭突き行動。

にしても、攻撃された個体が尻を上げると、攻撃個体は前進して、被攻撃個体の体の下に割り入る（図表32—2）。

これで攻撃個体が満足して吸汁を始めれば、二個体は重なるような恰好で静止し、攻撃は終焉する（図表32—3）。

しかし、攻撃個体は、しばしば割り込みだけでは満足しない。さらに、しつこく被攻撃個体を突くことも多い。こうなると、被攻撃個体は体を支えきれなくなり、植物体に挿入していた口針を抜いて逃げ出してしまう。すると攻撃個体は、逃げ出した個体が占めていた場所で静止する（図表32—4）。

口針の挿入を見るのは難かしいので、多くの場合直接観察はしていないが、まずまちがいなく攻撃個体はそこで口針を刺し込んで吸汁を開始するものと思う。すなわち、攻撃個体は他個体を力ずくで押しのけ、（良い？）吸汁場所を奪うのだ。この他個体追い出しが成功するのは、攻撃個体の体長が被攻撃個体と同じかそれより大きい場合に限られる。したがって、頭突きに関しては、成虫が一番強く、一令が一番弱い。

ツノアブラムシ類各種の頭突き行動は、現在、妻と共同で研究中である。エゴノネコアシアブラムシは、その中でも、他個体の頭突きに関して最も寛容というか無策である。種類によっては、後方から突かれると、植物体に刺し込んでいる口針を軸に一八〇度回転し、正面を向いてツノで突き返しをはかるもの、あるいは尻を横に振って攻撃個体の横つらをバシバシとはたくもの（私達はこれを〝イヤイヤ行動〟と呼んでいる）、さらには、こうなるともう意味がよくわからないのだが、口針を軸に回転して攻撃者のほうに向き直った後、尻をあげて逆立ちをするものまである。

実は、この頭突き行動は、私達の調べたツノアブラムシのすべて（九種）に見い出された。アレクサンダーやタケツノなど兵隊を出すアブラムシ、兵隊は出さないが一令期に攻撃性のあるカンシャワタムシも頭突きをするのである。とすれば、ツノアブラムシのツノの前適応は、おそらくコロニー内での頭突きなのだ。こう仮定すれば、話は見事につながるではないか。

では最後に、兵隊を出すツノアブラムシのたどったと思われる過程を要約してみよう。

兵隊のたどった道

最初のツノアブラムシには、もちろんツノはなかった。彼らのうちで、他個体を押しのけ、良い吸汁場所を占めることのできた個体が、進化上有利であったと思われる。ツノは、他個体を押しのける頭突きを有効にするために進化した。さらに想像を働かせれば、(このアイデアは宮崎昌久さんが私に示唆してくれたのだが)ツノは最初、額の先端に生えていた剛毛を支えていたソケットであったのかもしれない。このソケットの二つが次第に発達して、いわば毛を模擬《シミュレート》するように、一対のツノとなったのではないだろうか。

頭突き行動とツノが発達した後、一令幼虫に、外敵に対する攻撃行動が進化した。頭突き行動と外敵に対する攻撃行動の違いは、前者が相手の体の上に前脚をかけないで突くのに対し、後者では相手をつかんで突き刺すということである。これは、ほんの一歩で乗越えられそうな差異と思う。

なぜ、一令に攻撃性が生じたのかはよくわからない。ある意味では、それは偶然であったかもしれない。あるいは、現在のアレクサンダーやタケツノに見られるように、当時から一令は分散の役割を果たしていて、最も活発な、攻撃に適した令期だったのかもしれない。

最初の攻撃対象は、おそらく捕食者の卵であったと思う。卵は反撃しないのだから、最初の、まだエラボレートされていない攻撃でも、効果はあったはずだ。そして、武器としての一令のツノは長く鋭利になり、性能は改善される。こうなれば、一令は攻撃対象に、孵化《ふか》したての捕食者の幼虫も含めることができよう。

そして、いよいよ兵隊の分化である。コロニー・サイズの増大につれ、まず、防衛に専念する個体と、摂食して生長・生殖をする個体が分業を行なったほうが効率的であるような状況が出現する。いったん分業が確立してしまえば、防衛個体は生殖個体としての選択圧から解放され、その攻撃能力はどんどん改善されただろう。その結果、現在見られるような、奇怪なカニムシ型の兵隊ができあがったのだ。ヒラタアブの比較的大型の幼虫など、強力な捕食者をも撃退できるようになったのは、カニムシ型の兵隊が進化した後であったのではないだろうか。

＊　この産卵習性を最初に私に教えてくれたのは巣瀬司君である。

＊＊　最近になって、妻が本種一令の攻撃行動を一度だけ観察した。それゆえ、本種は前社会性種に含めることになるかもしれない。

第3章　人を刺すアブラムシ

半世紀前の論文

アブラムシは人を刺しません――「青木さん、こんな記事がでているよ」と、木内信君が、にやにやしながらH新聞を持ってきた。一九七六年の北海道の秋は、やたらとユキムシ（一二ページ参照）が多かったようだ。ユキムシに刺されたと感違いした読者の問い合わせに、新聞は適切な解答を与えていた。その通り、アブラムシは人など刺すはずがないのである。

この二ヶ月ほど前、私がボタンヅルワタムシ兵隊の論文を懸命に書いている最中、高木貞夫先生が奇妙な論文を偶然見つけたという。何かと思ってかけつけると、『台湾博物学会会報』の二〇巻、高橋良一の「人を刺す蚜虫《アブラムシ》」と題する一ページと少しの〝雑録〟であった。昭和五年というから、半世紀も前のものということになる。先に、アブラムシが人を刺すはずがないといったが、彼らだって間違って刺すことぐらいあるかもしれない。そんな程度のものだろうと、読み始めた。

「台湾のウラジロエゴノキ *Styrax suberifolium* には白粉で包まれた大な球状の虫癭《ちゆうえい》が見られる。此は蚜虫《がちゆう》の一種エゴノタマフシ〔＝ウラジロエゴノキアブラムシ〕*Astegopteryx styracicola* Takah. の虫癭である。此は台北付近にも産するが、台中州水社《すいしや》に甚だしく多く、殆んど全のウラジロエゴノキに着生し又一本の木に多数（約三十）が見られることがある。此虫癭には夏から冬に至るまで甚多数の蚜虫が生活し、有翅《ゆうし》型は一一月の下旬から現はれ始る。

多数の無翅《むし》胎生雌及若虫は虫癭の外に出で、その表面上或は付近の枝上を歩み回つて居る。此の如く虫癭の外部に出で歩み回る習性は他の蚜虫では見られない。

此の虫癭を採り除かんとする時又は枝を揺り動す時は多数の蚜虫は手の上に落下する。手の上に落下せるものは口吻《こうふん》にて手の皮膚を刺し甚しく痒《かゆ》い。刺されて後一〜二分にして皮膚に蚤《のみ》に喰われた時の如き凸出を生ずる。此の凸出は直径約二ミ、メ、に達し赤味を帯び、刺された後約一時間にして殆んど消失する。然し刺された跡は小なる疹となり数日後に消失するに至る。痒さは時を経るに従つて減ずるが二〜三日間は甚だ痒い。指の間の如き皮膚の軟かなる部分を刺される時は膨れ上つて殊に痒い。此の種の有翅成虫は人を刺さない。

水社付近の本島人は此の蚜虫が人を刺すことを知つて居て此に触れない又若し刺されたる時は茶で洗ふて痒を去ると云ふ。

私は人を刺す習性は他の蚜虫では全く見たること無く又此の如き事実の報告されたるを知らない。但し蚜虫の一部は有毒物を体内に有することは既に知らるゝ所である（Riley and Johansen——

Handb. Medical Ent., p.56)。

此の虫癭の中にはメイガの一種及バクガの一種の幼虫が蚜虫と共に生活して居る。水社付近には是等の寄生を受けたもの甚多く殆んど三〇パーセントに達する。一個の虫癭には一匹〜数匹の幼虫が見られ、虫癭の内部主として基部が食はれるが蚜虫は食はれない様である。従つてその寄生を受けた虫癭の中にも多数の蚜虫が生活する。然しその虫癭は発育が悪く甚小形なることが多い。是等鱗翅《りんし》類《るい》の幼虫は多分此の蚜虫に刺されないのであらう。又此虫癭からは小蜂の一種が現はれるがその寄主は不明である。」

兵隊か

本当だろうか？　台湾に、ウラジロエゴノキという木がある。そして、それにゴールを作るアブラムシがいる。そいつを採ろうとして枝に震動を与えると、ゴールから、ぱらぱらとアブラムシが落ちてきて体にくっつく。このアブラムシが皮膚を刺し、これが非常にかゆい。どう読んだって、こういうことをこの論文は言っているのだ。

著者が少しおかしいのではないか。いや、そんなことはあり得ない。高橋良一（図表33）といえばアブラムシの分類学者として、その道では名高い人物である。一九二〇年から一九四二年まで、台湾の農事試験場昆虫部に勤務していた。これはその頃の観察であろう。

本当だとすれば驚くべきことである。しかし、なぜこのアブラムシは人を刺すのだろうか。また、なぜたやすくゴールから落下するのだろうか。

「これは兵隊だ」と、私は直感した。情報が不十分なことは確かだ。が、ボタンヅルワタムシの兵隊

■図表33：高橋良一。

を発見した直後の、そして他にも兵隊を持ったアブラムシがいまいかとさがしていた私には、こう見えたのである。ためらうことなく、私はボタンヅルワタムシの〝兵隊像〟をこのウロジロエゴノキアブラムシに外挿《がいそう》した。

このアブラムシには一令期に二型があるのだ。そして、一方が兵隊で前脚が太くなっているはずだ。そして、この兵隊がゴールから落下して人を刺すのではないだろうか。

こう考えると、何がなんでもこのアブラムシを調べてみたくなった。しかし、なにせ、舞台は台湾である。明日、すぐにとんで行くというわけにはいかない。ところが、偶然にもちょうどこの時、友人の山根正気君と木内信君が、一〇月の初めから二ヶ月の予定で台湾に採集旅行にいっていた。私では考えられないことだが、彼らは驚くほど筆まめで、旅先から近況を報告してくる一方で、どこに手紙を出せば連絡がつくかがわかるようになっていた。

急いで私は手紙を書いた。「人を刺す蚜虫《がちゅう》」のコピーを同封し、驚くべきアブラムシが台湾にいること、人を刺す個体はどうも兵隊のようだから、二型があるかどうか、刺す個体は前脚が発達していないかどうか、是非さがして調べてくれるようにたのんだ。用心のため、全く同じ手紙を、彼らの旅行先二箇所に書き送った。

まず、「手紙を受けとった。台中に出たらさがしてみる」との一一月一三日付の絵葉書が届いた。私は、彼らに熱烈な期待をかけていたのだが、冷静に考えれば私の依頼は無理難題の部類に属したであろう。彼らは、昆虫学者ではあってもアブラムシ屋ではない。そんな彼らに、今まで見たことのないものをさがせというのだ。

ウラジロエゴノキにできる白粉《ワックス》でおおわれた大きな球状の虫癭《ゴール》。台中州水社《すいしゃ》にははなはだしく多い。手がかりといえば、この二つくらいのものである。アブラムシをさがすには、まず、その寄主植物をさがすのが常道だ。しかし、ウラジロエゴノキがどんなものやら、どんなところに生えている木なのか、皆目わからないのである。

彼らの帰国も近づいた一一月の末になって、発見を暗示する手紙（一一月二二日付）が届いた。見つけたようだ。詳しいことは何も書かれていなかった。しかし、もったいぶったその文面は、彼らのあげた成果が、十分私の期待を満たすものであることをうかがわせるようになっていた。はたして、どんなアブラムシなのだろうかと、私は彼らの帰りを待ちわびた。

二人の話

一二月の初め、二人は札幌に戻ってきた。彼らの持ち帰ったゴールは、実に奇妙なものだった。直径約九センチ。これはアブラムシのものとしては最大級だ。そして、アブラムシのゴールというのは

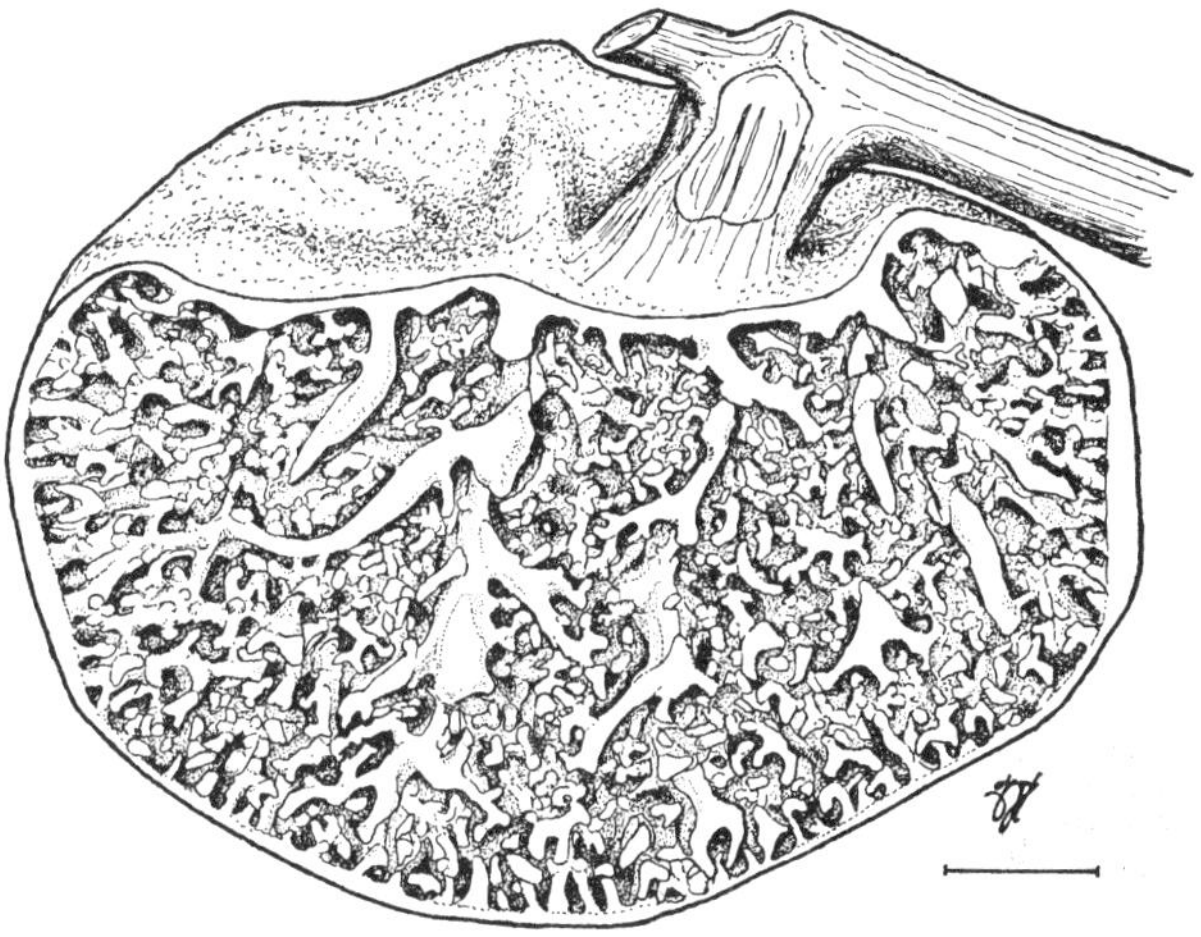

■図表34：ウラジロエゴノキアブラムシのゴール断面。スケールは1㎝。

中空になっているのが普通なのに、このゴールは、内部にサンゴ状の植物組織がびっしりと詰まっている（図表34）。

この植物組織の間に、多数のアブラムシが生息しているのだ。表面には非常に多数の小孔が空いており、この小孔を通じて内部からゴール表面へアブラムシがはい出してくる。いやむしろ、このゴールはカリフラワーの頭みたいなものと言ったほうが良いかもしれない。

古い乾燥したゴール（図表35）を見れば、表面の構造がよくわかるだろう。アルコール浸けにしたゴールはすでに赤く変色していたが、表面はワックスで真白、内部は新鮮キャベツのような黄緑色であったという。余りに大きかったため、ゴールを入れる適当なガラスビンがなく、持ち返ったのはゴールの半分であった。この半分には、推定一〇万匹の小さなアブラムシが入っていた。

どうやって、二人がこのゴールを見つけ得たのか。興奮気味の私を制すように、ゆっくりと山根君が話

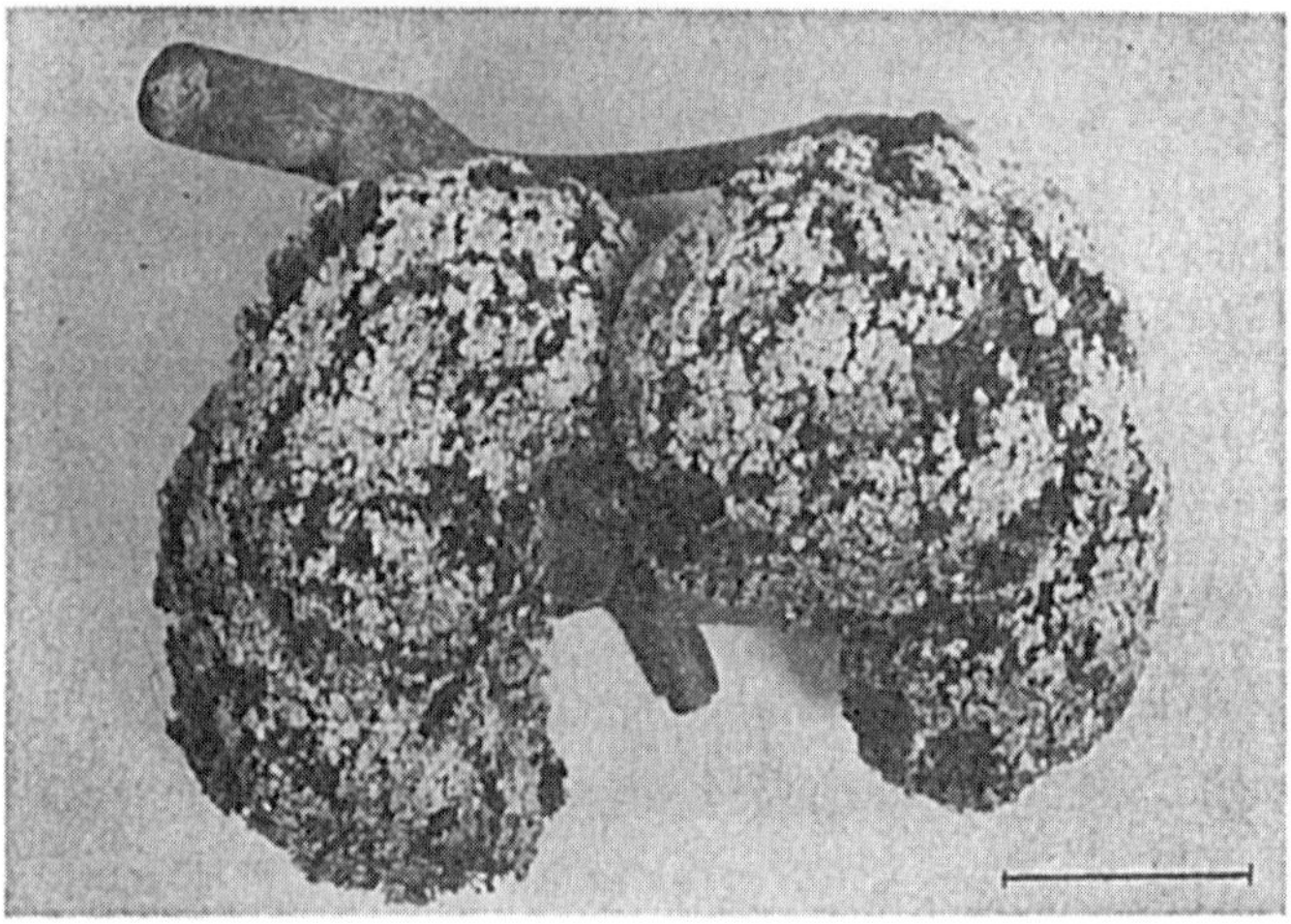

■図表35：枯死したウラジロエゴノキアブラムシのゴール。スケールは３㎝。

し出した。

私の手紙の一通は台湾のほぼ真中に位置する埔里《プーリー》についた。埔里で彼らは、鍾《しょう》さんの家に泊めてもらっていた。御主人の鍾順生さんはたいへんなナチュラリストで、高橋の論文のコピーを見せると、この虫を知っているという。鍾さんによれば、ウラジロエゴノキというのは何の役にも立たない木で、薪《まき》ぐらいにしかならない。ある日、一本を切り倒そうとして、ナタを振りおろしたところ、ウラジロエゴノキアブラムシのゴールが付いていたのだ。ぱらぱらと人刺しアブラムシが落ちてきて首筋を刺され、ひどい目にあったそうである。大きいゴールでは鍋ほどのものがあると鍾さんは言っていたらしいが、これはちょっとオーバーであろう。直径一〇センチ程度がいいところだ。

この鍾さんの案内で、一一月二一日の午前中、二人は、まず昔鍾さんが刺された南平山《ナンピンサン》へいく。あいにく、ここでは枯れたゴール（図表35）しか見つからなかった。しかし、ともかくウラジロエゴノキとウラジロエゴノキアブラムシのゴールがどんなものかわかったわけだ。ついで、この日の午後、彼らは日月潭《リーユエタン》へ行く。そして、「ここで見つからなければあきらめよう」と言った所でこのゴールを見つけた。高橋が「甚だしく多く」と書いている「水社」とは、埔里からバスで四〇分ほどの観光地日月潭のほとりであった。

山根君がゴールを切り落とす。切り落としたゴールの表面には、すでに多数のアブラムシが現われている。これらのアブラムシを一ふり腕の上にのせたところ、ひりひりするような痛がゆさが生じたそうである。（ここで、木内君が自慢気に腕をまくった。）

やはり、本当にこのアブラムシは人を刺すのだ。どのような個体が刺すのだろうか。二人は、実際に彼らを刺した個体を、アルコールの入った小ビンに採っておいてくれた。

予想とは違って、〝人刺し〟はカニムシ型ではなかった。プレパラート標本にして調べた結果、脚が発達してはいるものの、前脚が肥大しているわけではない。しかし、彼らは体のキチン化が強く、角状管《かくじょうかん》や剛毛も良く発達しており、アルコール浸けの標本であっても、一見して他の個体とは区別できる（図表36—D）。

もう一つ、予想に反して、〝人刺し〟は二令であった。一令のプレパラート標本のなかには、〝人刺し〟の皮膚を体内に有した個体——すなわち〝人刺し〟へと脱皮する個体——が含まれていた。この二令の〝人刺し〟に加えて、もう一つのタイプの二令がサンプル中に入っていた。〝普通の〟二令幼虫である（図表36—C）。つまり、この種では二令期に二型があるのだ。一令期には二型は認められず、単型の一令幼虫（図表36—B）が二通りの二令に発育するということになる。もちろん、普通の二令幼虫の皮膚を体内に形成した一令も見つかっている。

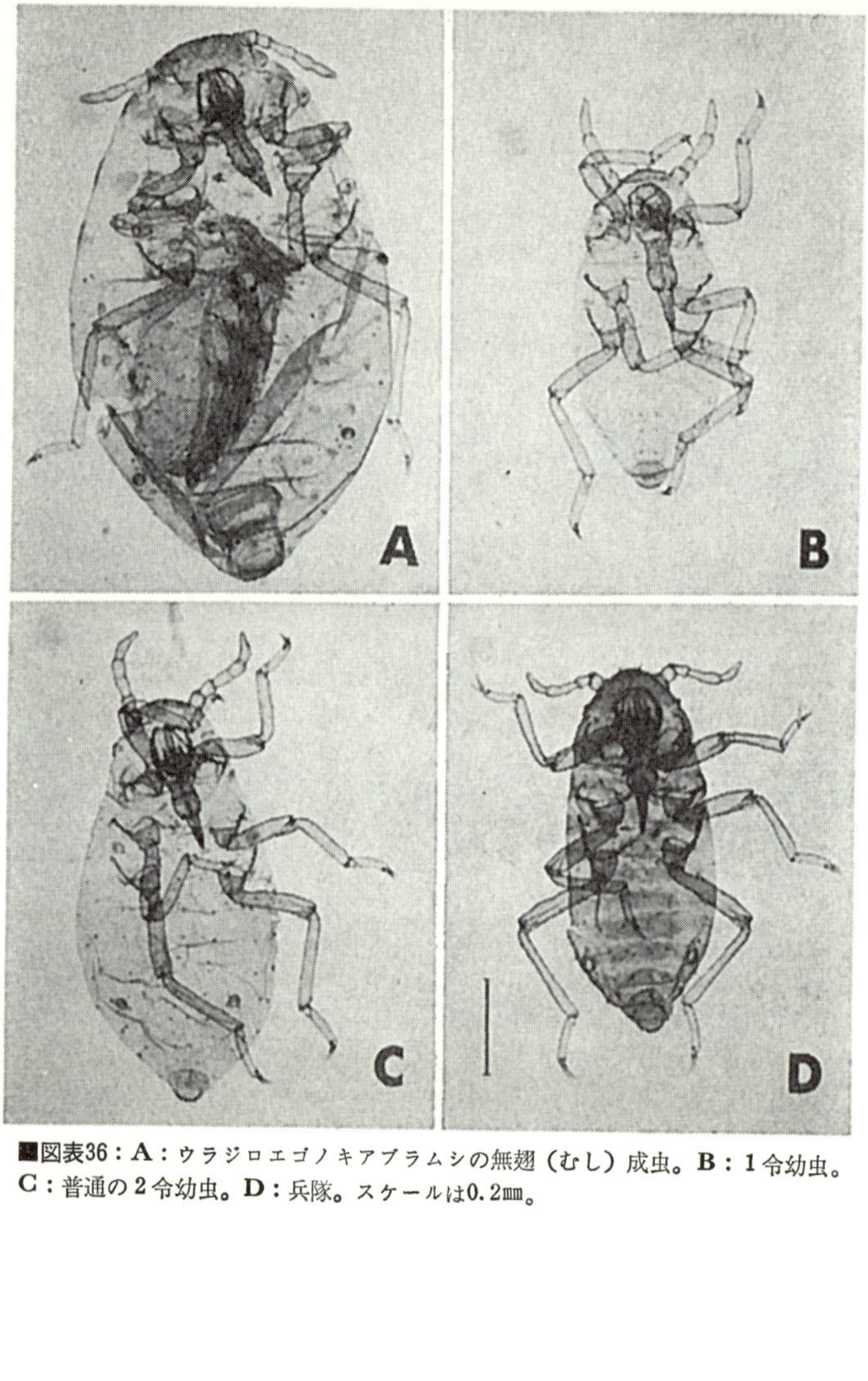

■図表36：A：ウラジロエゴノキアブラムシの無翅（むし）成虫。B：1令幼虫。C：普通の2令幼虫。D：兵隊。スケールは0.2㎜。

そして、人刺し二令の運命はどうなるのだろうか。彼らはゴールから落下するのだから、死ぬしかない。したがって、彼らがすべてこの運命をたどるとすれば、彼らは当然自分の子供は残せまい。二令のまま死ぬということになる。二人が持ち帰ってくれたサンプルに含まれていた一二六個体の人刺し幼虫をプレパラート標本にして調べたが、次令の皮膚を体内に形成した個体は出てこなかった。

私たちの仮説

どうやら、人刺し幼虫は兵隊のようだ。しかし、最初の問題はまだ解決されていない。なぜ、このアブラムシは人を刺すのだろうか。そして、なぜ、たやすくゴールから落下するのだろうか。

これらの問題は、高橋良一さんをもおおいに悩ましたようである。「人を刺す蚜虫《がちゅう》」を著した二年前、一九二八年に、高橋は「昆虫の生活に於ける矛盾」と題する〝講話〟を『動物学雑誌』に発表している。このエッセイ中に、種名は明記していないが明らかにウラジロエゴノキアブラムシのことを述べている一節があるので紹介しておこう。

「地上に落下して死する昆虫　Disturb された時地上に落下する習性は主として食草昆虫に見られ、此を敵を逃れるためと見なす人と、単なる驚による転倒と考へる人とがある。此習性はアブラムシ類の一部に甚著明であつて、その寄生植物が極少しく震動された時等も容易に地上に落下する。アブラムシ類を食する動物は主として昆虫類であるが、此等昆虫は寄生を震動することはないから、此地上に落下する習性は此等の敵を逃るには役だつまい。又アブラムシ類を食する小鳥が寄主を震動させて、アブラムシが地上に落下して、小鳥から逃ることが出来たとしても、運動力の甚少い此昆虫が地上を歩行して再び寄主に達することは甚困難なこと多く、殊に大木の葉に寄生するものに於て然りである。

私は多数の個体は地上に落ちて死するものと思はざるを得ない。従て此地上に落ちる性質は此昆虫に有利と思はれない。」

私達の与えた説明はこうである。ウラジロエゴノキアブラムシの落下習性と人を刺す習性は、ゴールを食う大型の食植性動物、おそらくは樹上棲の哺乳類に対する防御機構として進化した、と。落下個体は、いわば、これらの大型動物に向けられた〝散弾〟なのである。

高橋のエッセイからも推し量れるように、ヒラタアブ幼虫のような小さな捕食者を仮定したのでは、彼らはゴールを振動させることがないから、兵隊の落下習性を説明できない。またもちろん、落下したとて、その上にうまく落ちることもあるまい。したがって、標的《ターゲット》は大型動物でなければならないのである。食植性としたのは、このアブラムシは成虫であっても非常に小さいし〔無翅成虫《むしせいちゅう》（図表36―A）の体長は約一・二ミリ〕、ゴールの組織中に散らばっているため、アブラムシのみを食べるのでは余りに効率が悪かろうと考えたからだ。哺乳類としたのは確固とした理由があったわけではないが、鳥では羽毛でおおわれていて、アブラムシの一刺しも効くまいと思いこうした。

ちなみに兵隊率は、山根・木内君の採ってきてくれたゴールで全個体数の四三パーセント、私が後に得たもう一つのゴールで五五パーセントであった。この兵隊率は、これまで私が調査した種のうちでは最高である。

このような面白いすじ書きを論文にしない手はないと、山根・木内両君との共著で早速発表することにした。高橋の「人を刺す蚜虫」の英訳を添えて、この論文は一九七七年の雑誌『昆虫』に載った。

評判のほうは、余りかんばしくなかったようである。アブラムシを研究しているスイスのG・ランペルは、私の兵隊アブラムシに関する一連の論文をいち早く引用してくれたが、この論文だけは除かれていた。

台湾へ

一九七七年の秋、私は台湾に行くことにした。目的はもちろん、人刺しアブラムシの調査である。私達の仮説からは、容易にテストできる一つの予測が帰結する。それは、ゴールから落下する個体は（偶然落ちる個体を除いて）みな兵隊である、ということだ。

もし、ゴールを揺らした時、兵隊以外の個体が多数落ちてくるならば、私達の仮説は決定的に反駁されることになるだろう。また、兵隊がヒラタアブのような小さな捕食者に対して反応し攻撃するかどうかも知りたい。それに生きたゴールも見たいし、なによりも（この気持ちはわかっていただけると思うが）人刺しアブラムシにも刺されてみたい。

一一月二〇日、私は台北《タイペイ》へ到着した。たかが東京から三時間の台湾とはいえ、勝手のわからない初めての外国一人旅は緊張するものだ。大きな荷物を引きずって、税関にできた列の後ろへくっつく。突然、私の五、六人前、品の良い初老の紳士のスーツケースを調べていた税関吏が、小箱二つでお手玉を始めた。高笑いをしながら、台湾語で何やら同僚に呼びかけている。言葉はわからなかったが、言っていることはすぐわかった。「おい、見ろ見ろ。二箱だ。二箱もだ」。箱の中味は、世界最良の品質を誇る、日本のゴム製品だったのである。

公路局のバスに揺られ埔里《プーリー》の街に着いた時には、もう、すっかり日は暮れていた。埔里では、山根君が紹介してくれた呉さん、そして鐘さんが、疲れ切った私を暖かく迎えてくださった。

台北に比べ、埔里は心やすらぐ街である。うまく表現できないが、小さな街の持つ人間味だろうか。

■図表37：鍾順生さん。

埔里は決して美しい街とはいえない。狭い道路をびゅんびゅん飛ばす自動車。その間をバイクが曲芸のように走り抜けていく。朝はまず、この騒音で目が覚める。一一月の終りともなると朝晩はかなり肌寒い。吐く息が白く見えるほどだ。熱い烏龍《ウーロン》茶をすすりながら話をしているうちに、今日は、鐘さん（図表37）自ら日月潭《リーユエタン》を案内してくれることになった。

バンザクロやヨウトウ、リンゴ、ナシ、柑橘類を山積みにした露天商の間をすり抜け、八角と臓物のにおいをさせた食堂の脇を通って埔里のバスターミナルに出る。公路局のバスに乗って四〇分、坂を登り切ると美しい湖が現われた。日月潭である。

バスを降りて、バス道路から山道へ分け入る。鐘さんの足は驚くほど速い。ついて歩くのがやっとであって、足元に気を配る余裕などない。台湾に来るまでは毒蛇のことが気になっていたが、この三十分ほどのヤブこぎで、すっかり蛇の不安も消し飛んでしまった。

「この辺にあったはずだが」を繰返していた鐘さん

が最初のゴールを見つけたのは、何のことはない、バス道路に接した、私達が山に分け入った地点のすぐそばであった。

ウラジロエゴノキは cork-leaf snowbell という英名が付いているように、その葉は厚く固く、日本のエゴノキ（チシャノキ）とはぜんぜん感じが違う。植物学者には笑われるかもしれないが、シイノキかカシの類を思わせるような樹木である。

「青木さん、あそこにある」と鐘さんが指さすが、しかし薄暗い林の中からは木もれ日が逆光となって、私には見つからない。それではと、鐘さんはさっさと隣りの木に登り出した。私は下で、指示通りウラジロエゴノキを押えている。と、突然、私は手の甲にひりひりするような痛がゆさを感じた。〝人刺し〟が落ちてきたのだ。あわてて手で払う。見上げれば、何やら白い小さなゴミのようなものが、ぱらぱらというよりはふわふわと落ちてくる。白く見えるのは、ワックスをつけているせいだ。しかし、肝心のゴールは、まだ目に入らない。

やがて鐘さんが、真白なゴール（口絵写真3）の付いた一枝を切り取って降りてきた。その大きさには、さすがに感激である。「青木さん、そこにもある」といわれてようやくわかった。わりと小さめなもう一つの人刺しアブラムシのゴールが、上の方に白く光っていた。あれから落ちてきたのだ。

さらに、バス道路をやや下った所で見つけたもう一本の木はすごかった。ざっと数えて、二〇個ほどのゴールが鈴なりだ。ゴールを何個も採ろうとするせっかちな鐘さんを「観察をするのだから残しておいて下さい」と制して、そして、少し時間をもらって道ばたに腰をおろし、私は先ほど採集したゴールをとり出した。

真白なゴールの表面には、多くのアブラムシが動き回っている。また、ゴールを入れておいたビニール袋の底にも、多数のアブラムシが落ちてたまっている。さて、第一のポイント、ゴールに振動を与えた時、落下する個体は果して兵隊ばかりだろうか。

ゴールを持ち上げて下にビニールを敷き、ピンセットでこんこんとたたく。すると、大小様々な個体がぱらぱらと落ちてきた。肉眼で見ても兵隊ばかりではないとわかる。これにはまいった。胃が痛くなった。人刺し＝兵隊説は誤まっていたのだろうか。

しかし、これは、強くたたきすぎてしまったのだろう。と、私は、務めて楽観的に考えることにした。仏頂面をしていたのでは、せっかく案内してくれた鐘さんの手前、失礼にあたる。ともかく、人刺しアブラムシのゴールがたくさん見つかったということだけでも喜ぶべきことではないか。湖畔《かんしや》のバス道路を歩きながら、次回は、計画してきた通りにやってみようと考えていた。鐘さんが、甘蔗をごちそうしてくれた。

兵隊は落下する

計画といっても、そうたいしたものではない。自然状態のゴール（図表38）に軽い振動を与え、落下してくる個体を採集する。そして、それを持ち帰って、どんな型が落ちてきたのか顕微鏡下で調べる。

問題は採集の方法だが、これには、つなぎ竿《ざお》を使うことにした。竿の先に直径三〇センチほどの針金の丸い枠を付け、その枠に紙袋をホチキスでとりつける。後は、カミキリムシの採集の要領で、花ならぬゴールを下から揺するのだ。もちろん、落ちた虫が袋の中に入るようにする。調査木は二〇個ものゴールができている例のウラジロエゴノキとし、つなぎ竿の届く下のほうの一〇個を揺すること

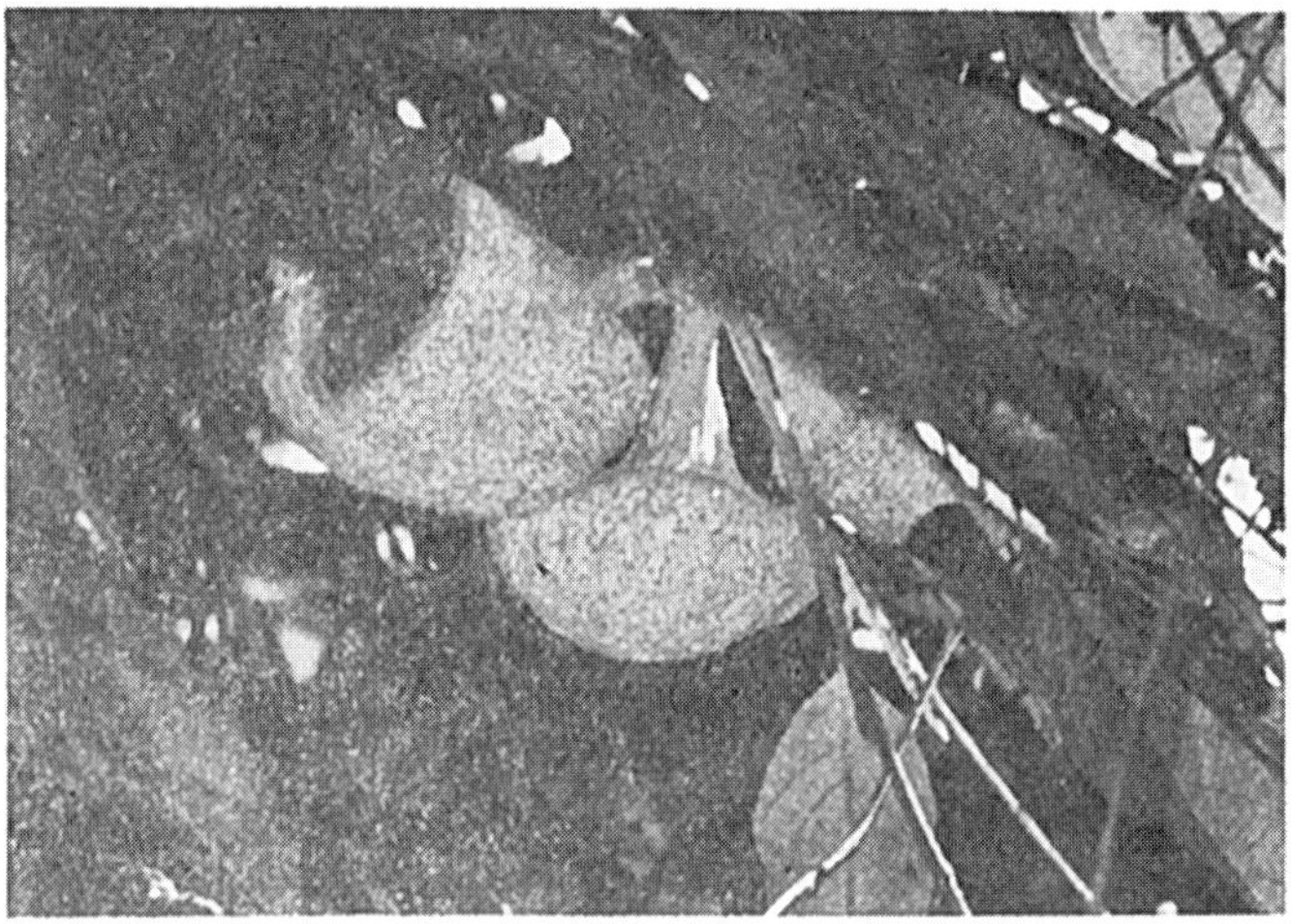

■図表38：ウラジロエゴノキアブラムシのゴール。

にした。

一一月二二日から始めたこの調査は順調だった。今度は、大きな無翅《むし》成虫など落ちてこなかった。兵隊かそうでないかは、ルーペでも、あるいは慣れれば肉眼でさえわかるようになる。一二月二日までにこの方法で得た三九七二個体のアブラムシのうち、三九七〇が兵隊であった。もちろん、アルコール浸けにして持ち帰り、後に実体顕微鏡下で確認したものである。

落下個体の問題の他にも、もう一点、私には気になることがあった。「多数の無翅胎生雌及若虫は虫《ちゅう》癭《えい》の外に出でその表面上或は付近の枝上を歩み回つている」と高橋が述べていることである。ゴールから出て歩き回る個体が兵隊であれば、〝射程範囲〟は広まるし、兵隊説に都合が良い。

この点を調べるために、私はゴールの付いている枝を一本切り落とし、枝の上を歩き回っている個体をできる限り採集した。このようにして得た三四九個体は、予想通りすべて兵隊であった。高橋が観察したのは室内で、自然状態ではなかったのかもしれない。あるいは、異常な状況で、無翅成虫がゴールからはい出していたのかもしれない。いずれにしても、無翅成虫は落下個体にはならないだろうと思う。

次に確認しなければならないのが、人を刺す個体が本当に兵隊かどうかだ。これは、もう明らかなことなのだが、数字にできるものは数字にしておいたほうがよい。で、私は、夜な夜な次のようなデータをとった。

まず、採集してきたゴールから兵隊を選び出す。兵隊は赤黒い色彩をしているのですぐわかる。これを一四、そっとピンセットでつまんで左手の甲の上に置く。そして、時計を見ながら三十秒以内に刺すかどうか、刺さない場合は、続いて一分以内に刺すかどうかを記録する。

コントロールとして、無翅成虫についても同様に記録をとる。後に、この種《しゅ》の兵隊は二令だからコントロールは普通の二令幼虫にするべきだとのクレームがついたが、この批判が正当だとしても、二令を使うのは技術上の困難がある。兵隊以外は、プレパラート標本にしなければ正確な令期はわからないのだ。成虫ということであれば、一番大きいアブラムシを拾い出せばよい。

兵隊は、手にのせると、ほとんどがすぐに刺す。刺す時は、ぴたりと静止する。静止したなと思うと、痛がゆさが生じてくる。五〇匹の手にのせた兵隊のうち、三〇秒以内に刺したもの四〇、一分以内に刺したもの四五という結果になった。

一方、無翅成虫のほうは、手の甲の上を歩き回るだけで、ほとんど静止しようとしない。全く刺さないかと思ったが、五〇のうち一個体が時間内に皮膚を刺した。というわけで、無翅成虫にも人を刺す習性はあるものの、兵隊との差は歴然である。

さて、ここで、兵隊による一刺しのかゆさについて述べておかねばならないだろう。といっても、主観的体験を言葉にして伝えるのはなかなか難かしい。私の経験からすれば、高橋の論文は読者に少しオーバーな印象を与えるかもしれない、といったところである。それでも、かなり痛がゆいことは事実で、私は皮膚の上に落ちたこのアブラムシを払わずにはいられない。いらいらするようなかゆさなのだ。私の左手の甲は、先の実験で、少くとも四六箇所刺された計算になるが、さすがにこれ以上実験回数を増やす気にはなれなかった。日本に帰ってきてからも、しばらくこの〝疹《しん》〟は消えなかった。

なぜ落下し、人を刺すのか

それにしても、予期せずこのアブラムシに刺された高橋さんの驚きはどれほどだったろうか。さらに驚くべきことは、彼のこの論文が（日本語で書かれたことを差し引いても）ほとんど注目されなかったことである。

私の知る限り、外国では一九六八年の *Nature* に載ったC・J・バンクスらによる論文が、唯一この高橋の発見にふれている*。

ところで彼らは、ウラジロエゴノキアブラムシが人体にかゆみを引き起こすのは、口針《こうしん》で皮膚を刺すからではなく、体内に皮膚を刺激する物質を持つためではないかとの嫌疑をかけているので、その点を弁明しておこう。人刺しアブラムシの兵隊は確かに口器で皮膚を刺す。ルーペや実体顕微鏡を使えば、彼らが口吻《こうふん》を立て、その先端（ここから口針が突出する）が皮膚に触れるのを見ることができる。さらに、もしバンクスらの考えたように、アブラムシ体内の有毒物質が皮膚に炎症を引き起こす

■図表39：エゴノネコアシアブラムシのゴール。

ならば、彼らをすりつぶした場合に最もひどいことになるはずだ。ところが、手の上で痛がゆさを引き起こしている兵隊をつぶしてしまうと、かゆさは消えてしまうのだ。

刺す、ということがこれでも信じられない方には、とっておきの処方箋《しょほうせん》を紹介しよう。

東京付近なら六月上〜中旬にエゴノキをさがす。エゴノキは、二次林に普通に生えているし、五月頃、香りの良い白い花をいっぱいつけるから、唯でも知っているはずだ。このエゴノキに、〝猫あし〟あるいは〝蓮華《れんげ》〟と呼ばれる数センチの、黄緑色をしたバナナの房のようなものが下っているのを見たことがないだろうか（図表39）。

これは、ウラジロエゴノキアブラムシに近縁の、エゴノネコアシアブラムシによって形成された閉鎖空間をゴールなのである。紡錘《ぼうすい》形の各房は独立した閉鎖空間を形づくり、その各々に多数のアブラムシが入っている。七月に入ると、ゴールが裂開して、中のアブラムシが少くなってしまうから、六月中のほうが良い。

一房をもぎとって腕をまくる。そして、その上でゴールを割って、中のアブラムシを腕の上にふりかけてみるとよい。

しばらくすると、何やら、ひりひりするような痛がゆさが生ずるはずだ。エゴノネコアシアブラムシが皮膚を刺しているのだ。ただし、黒く見えるアブラムシは有翅虫《ゆうしちゅう》で、これは刺さない。オレンジ色の無翅虫《むしちゅう》、幼虫が刺す。人によっては非常に〝好評〟で、「かゆい、かゆい」と喜んだが、「思ったほどではない」との人もいた。が、ともかく、人を刺すアブラムシがいるということは納得していただけると思う。ウラジロエゴノキアブラムシの一刺しは、この種よりはずっとかゆい。

台湾の人刺しアブラムシの話を続けよう。兵隊は人を刺すが、ヒラタアブ幼虫のような小さな捕食者に対しても攻撃性があるだろうか。まず私は、竹の葉裏からヒラタアブ幼虫一〇匹を集めた。それから〝人刺し〟のゴールを一つ切り落し、その上に、これらのヒラタアブ幼虫を一匹ずつのせてみた。すると、兵隊が集まってきて、たちまちヒラタアブは兵隊におおわれてしまう。一〇匹の幼虫にくっついたアブラムシは合計八九〇四匹で、これらもアルコール浸けにして持ち帰り、後に実体顕微鏡下で確認したが、すべて兵隊であった。何匹かの兵隊の口吻の先端は、ヒラタアブ幼虫の体表に触れており、やはり刺すということである。

繰返すが、このような小さな捕食者に対する防衛のみを仮定したのでは、兵隊の落下習性を説明できないのだ。

これまで、私達の調査は、次の事を明らかにした。ウラジロエゴノキアブラムシの二令期に二型が存在すること。そして、キチン化の強い方が兵隊であること。この兵隊は、ヒラタアブのような捕食者を攻撃すること。そればかりでなく、彼らはゴールに振動を与えるとたやすくゴールから落下し、手の上や露出した首筋などの上に落ちると、口針で皮膚を刺し、払わずにはいられないような痛がゆさを引起こすこと。

これらの結論は、否定し難いものである。しかし、最初に述べた問題はどうなったのか。何がこのアブラムシの落下習性を、そして人を刺す習性を進化させたのか。最初の仮説通り、原因は樹上性の哺乳類によるゴール食なのだろうか。

ゴールを食べる動物、ゴールに振動を与える動物、そして〝人刺し〟に刺されてかゆみを感ずる動物。残念ながら、私達の網はこれ以上しぼれなかった。最後の点についていえば、私は一匹のマウスに兵隊をふりかけてみた。このマウスは体のあちこちを掻《か》き出したが、兵隊が刺したのが原因かどうか、はっきりしない。おそらく、体毛でおおわれた部分には効かないであろうが、鼻や耳などの露出した部分に効かないはずはあるまい。

ゴールを食べる動物がいるのかという点についても、確たる証拠はない。スズメがケヤキヒトスジワタムシのゴールをついばんでいたという巣瀬司の報告があるが、これは、中のアブラムシを食っていたものである。哺乳類によるものでは、やはり *Pemphigus* 属アブラムシのゴールの中味がリスによって食われたというH・ガイラーの報告と、ヌルデシロアブラムシのゴールがリスらしき動物の食害を受けたとの高木五六の報告があるにすぎない。

しかし、いろいろな昆虫のゴールが、ゴール食を逃れるためと思われる特徴を発達させてきているのも事実である。明白な例は、果実にゴールを作るタマバエだ。例えば、タマバエの一種の寄生を受けたガマズミの実は、正常の実より大きくなるのに、決して赤くならない（赤は〝食べ頃〟の信号である）。それどころか（カビのような？）白い毛まで生えてくる。また、ヌルデシロアブラムシによってヌルデに形成される〝五倍子《ごばいし》〟と呼ばれる大きなゴールには、タンニンが多量に含まれており、第二次大戦前に朝鮮半島などでタンニンを採るために栽培されていたこともあるのである。ゴールに多量のタンニンを含むのは、ゴール食を逃れるためにアブラムシが進化させた性質であろう。このアイデアは私の気に入りのものの一つであったのだが、ダニエル・ジャンセンが既に述べているのを見つけ、がっかりした。

その他の人刺しアブラムシ

ウラジロエゴノキアブラムシの人を刺す習性を最初に報告した高橋良一は、これをどう考えていたのだろうか。「人を刺す蚜虫《がちゅう》」を発表した翌一九三一年に、彼の「台湾のアブラムシ、第六部」（英文）が出版された。この論文は、高橋の〝本職〟であるアブラムシの分類を扱ったものだが、その中でもウラジロエゴノキアブラムシの人刺し習性に言及している。

そして、もう一種、ジャムリッツエゴアブラムシなる奇妙な名前のアブラムシが、やはりゴールに振動を与えると落ちてきて人を刺すという。このアブラムシもウラジロエゴノキに、長さ一二・〇〜一四・五センチに達する巨大な釣鐘《つりがね》型のゴール（図表40）を作り、台湾東部から南部にかけての山地にいるらしい。なぜ〝ジャムリッツ〟であるかというと、台湾南部の高砂族（パイワン族）がこのゴールをこう呼ぶからであるそうだ。彼らは、このアブラムシが刺すから良く知っているのだろうか。

さらに、高橋は問題の発見を述べる。

前述の二種の他にも、エゴノキ属の植物にゴールを形成する近縁種はたくさんいる。以下、彼らをエゴアブラムシと呼ぼう。これらの中に“*Astegopteryx styracophila*”という、人を刺す習性は持っ

■図表40：ジャムリッツエゴアブラムシのゴール（Takahashi, 1934）。

ているが落下習性を持たないものを彼は見い出した。この時、高橋はこの学名のもとに複数の種を混同しており、彼が言及している種が現在のどの種にあたるのか、特定はできない。しかし、これら複数の種は、どれもエゴノネコアシ型の房状のゴールを作り、また、その中には、日本のエゴノネコアシアブラムシも含まれている。

前に述べたように、エゴノネコアシアブラムシは、ゴールを割って手の上にのせてやると、ちゃんと口針で皮膚を刺す。しかし、ゴールに振動を与えてやっても、アブラムシは落下などしない。

ここに彼は、「エゴアブラ属に見られる人を刺す習性は、偶発的なもので何ら生態的意義を持たぬと考えざるを得ない」ことになったのである。

高橋は本当にこう考えざるを得なかったのだろうか。こんな説明で満足したのだろうか。周囲の昆虫学者の反応はどうだったか。今となってはわからない。

高橋さんは一九六三年に世を去った。

人刺し＝兵隊説の、また進化学的な観点からすれば、エゴノネコアシアブラムシのような存在は、パズルどころか、逆に当然予測されるものということになってしまう。というのは、ウラジロやジャムリッツに見い出されるような、落下して人を刺す習性を持ったアブラムシは、落下習性はないが人を刺す習性は持ったアブラムシを前段階として進化してきたに違いないのだ。言い換えれば、人刺し習性に落下習性が後から付け加わったのである。とすれば、人刺し習性のみを持った種がいても不思議ではない。

実際、ウラジロやジャムリッツに見られる防衛戦略には恐れ入る。ここでは、防衛個体は、兵隊というよりは、むしろ〝散弾〟と呼んだほうが適当かもしれない。このような戦略が可能となるためには、兵隊の特攻精神のみでは不十分である。コロニー・サイズ、すなわち一つのゴール中のアブラムシの数が膨大でなくてはならない。少くては、とてもこんなことはやれまい。

例えを使おう。あなたは悪漢で警察に追われ、山荘に立てこもっていたとする。今は夜だ。あたりはぐるりと警官に取りまかれている。あなたの持っている武器は銃だけだ。ヤブが、がさっと揺れる。この時、もし弾丸がいくらでもあれば、音のしたあたりをめがけて、マシンガンで打ち込むように銃撃すればよいだろう。しかし、弾が少なかったらどうか。いくら弾には命がないからといって、無駄に使うわけにはいくまい。もっと危険がはっきりしてから、狙い撃ちをするだろう。

ウラジロのコロニー・サイズは、大きいもので一〇万に達する。これに対し、エゴノネコアシでは、私の怠慢でまだ正確な数を出していないのだが、せいぜい数百のオーダーがいいところだ。これではマシンガンは使えまい。

この点に関して興味があるのは、ウラジロの初期のゴールである。一〇万に達するアブラムシを宿したウラジロのゴールも、最初は一頭の幹母《かんぼ》が形成するのだろう。したがって、初期のゴールではコロニー・サイズは小さいはずだ。この頃の防衛戦略はどうなっているのだろうか。私の考えが正しければ、兵隊は落下しないはずである。

それでは、エゴノネコアシの人を刺す習性はなぜ進化してきたのか、何の役に立っているのだろうか。

私は、これもゴール食動物に対する防衛行動だと考えている。本種のゴールは、有翅虫《ゆうしちゅう》の脱出期になるまでは閉じている、いわゆる閉鎖型である。しかし、このゴールはバナナのような構造をしており、紡錘形の各房の部屋は完全に他の房の部屋から分離していることを思い出して欲しい。一つの房がダメになっても、他の房には影響がないのだ。

この一房を手で引き裂いてみる。すると、中からオレンジ色のアブラムシがはい出してきて、ちょこちょこ歩きながらゴール全体に散らばる。このゴールを手でつかんでいると、アブラムシがはい上ってきて皮膚を刺すのだ。引き裂かれた房内のアブラムシが死んだとしても、他の房内のアブラムシが助かれば、この攻撃行動は十分釣り合うはずだ。

だが、どんな動物がゴールをかじり、人を刺す習性を進化させたのかという問題になると、これまた特定はできない。小型哺乳類か、ゴールに穴をあけることのできる鱗翅《りんし》目の幼虫が考えられるという、歯切れの悪い答え方になってしまう。

ジャムリッツやエゴノネコアシのことを述べたついでに、他のエゴアブラムシについても紹介しておこう。エゴアブラムシはアジアの温帯から熱帯まで分布し、エゴノキ属の植物に種々様々な形をしたゴールを形成する。特にスマトラなどには、何とも奇妙な、もじゃもじゃのゴールを作る種もいる。

■図表41：エゴノフトアシアブラムシのゴール（高橋，1939）。

■図表42：エゴノホソアシアブラムシのゴール（高橋，1939）。

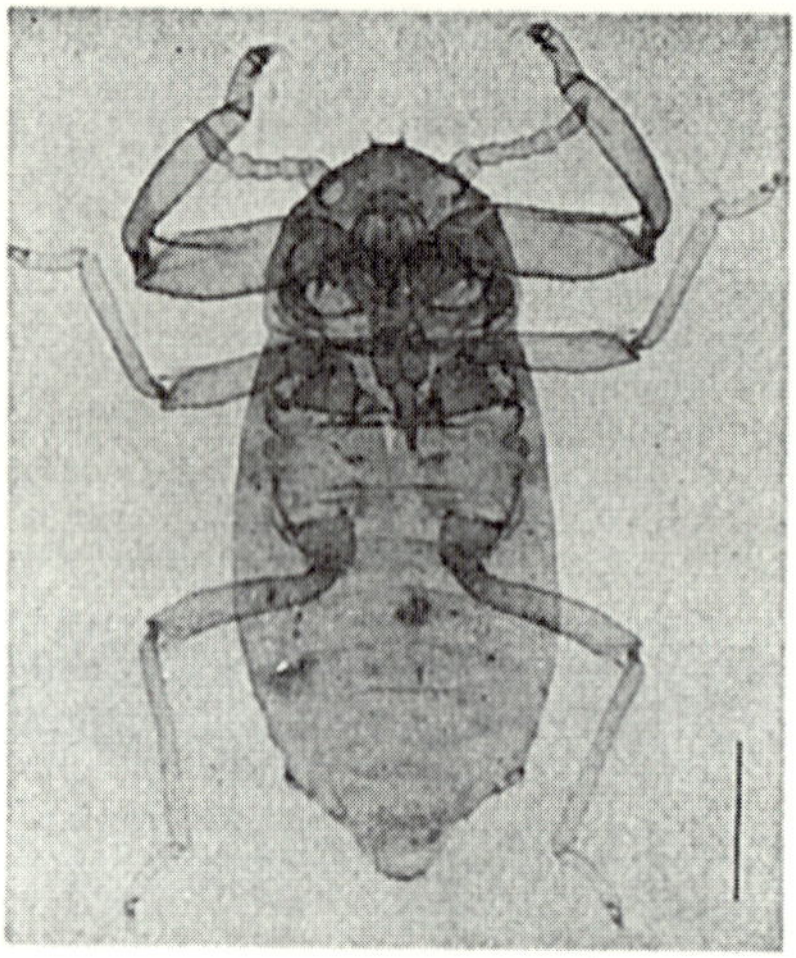

■図表43：エゴノフトアシアブラムシの兵隊。スケールは 0.2㎜。

実は、アブラムシの人を刺す習性を報告したのは、高橋が最初ではない。一九二六年にオランダのJ・ドクタース・ファン・リーウェン・レインファーンとW・H・ドクタース・ファン・リーウェンがジャワとスマトラのエゴアブラムシのゴールを記載しているが、この中で、彼らは「これらのアブラムシのいくつかの種は、皮膚に煩わしい（troublesome）かゆさを引き起こす」と述べているのだ。スマトラの *Astegopteryx vandermeermohri* という種のゴールは、直径六ミリほどの細長いチューブが分岐して、実に奇妙な形状となり、その学名と共に本属最長の二〇センチに達する。このような種では、おそらくウラジロと同じように、落下習性を持った兵隊を備えているのではなかろうか。

ウラジロの兵隊は、ボタンヅルワタムシやツノアブラムシの兵隊とは異なり、前脚は肥大してはいなかったわけだが、エゴアブラムシの中にも前脚の肥大した兵隊を持つものがいる。やはりウラジロエゴノキにゴールを作る、エゴノフトアシアブラムシという種だ（**図表41**）。〝フトアシ〟（太足）などふざけた名前と思われるかもしれないが、真面目な高橋さんが名付け親である〔ちなみに、エゴノホソアシアブラムシ（**図表42**）というのもいる〕。フトアシのゴールを調べたところ、〝カニムシ型〟をした二令の兵隊が見つかった（**図表43**）。

残念ながらまだその行動を調べる機会がないが、おそらく、ヒラタアブ幼虫のようなタイプの捕食者に対する防衛の役割を演じているものと思われる。

アブラムシは〝働く〟か？

台湾でウラジロエゴノキアブラムシを調査した私には、新たに二つの疑問が生まれた。一つは、形態に関するものである。ウラジロの兵隊は、頭部に二対の太い剛毛を持っている（**図表44**）。これを彼らは何に使うのだろうか。たかが毛と馬鹿にしないで欲しい。剛毛が、意味なく太くなるはずがないのだ。

もう一つは、生態に関するものである。アブラムシの生活からは、少くとも二種類の〝ゴミ〟が出る。一つはアブラムシが生長するにしたがって脱ぎ捨てる脱皮殻《だっぴがら》、そしてもう一つは排泄物たる甘露《かんろ》である。普通のアブラムシのゴールを割れば、この二種類のゴミが必ず入っている。もっとも後者は、アブラムシの体に付着すると有害なので、たいていのゴール居住性のアブラムシはワックスを分泌し、これで甘露をコーティングすることによってべとつきを防いでいる。また、甘露の分泌を少量に押えているものもある。

ところが、ウラジロエゴノキアブラムシのゴールは異常にきれいなのだ。内部には、全くといって良いほど、甘露球も脱皮殻も見当らない。**図表34**で示したようなこの種のゴールの内部構造からすれ

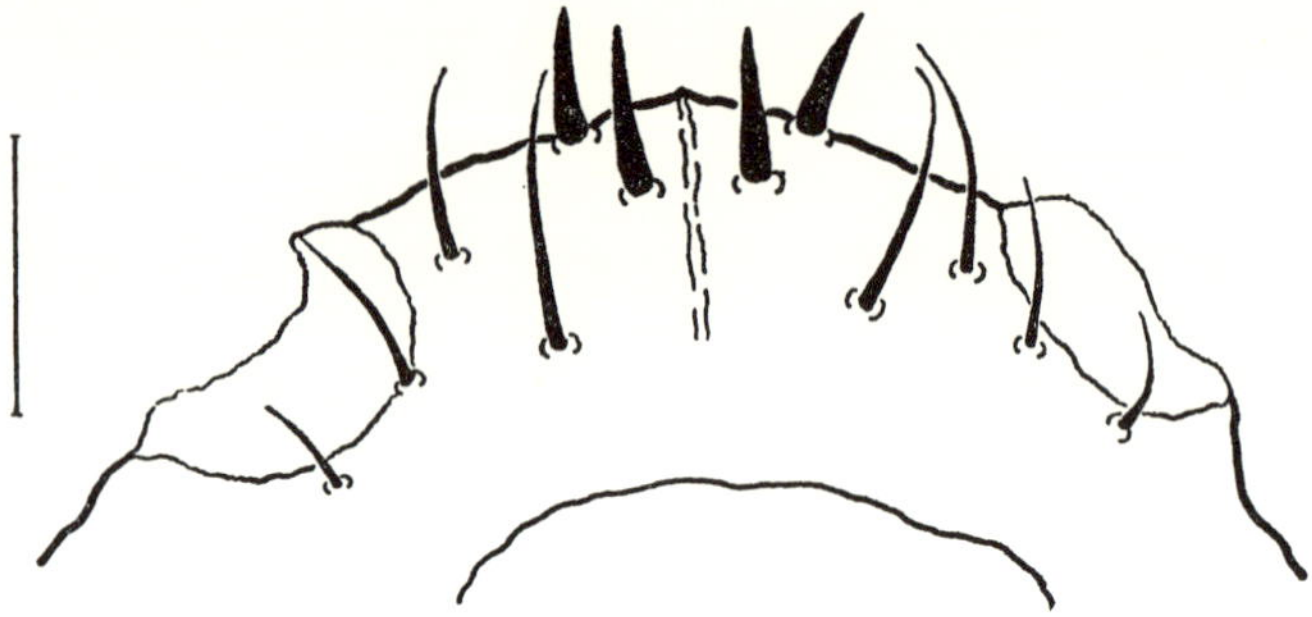

■図表44：ウラジロエゴノキアブラムシ兵隊の頭部下面の剛毛。スケールは0.04㎜。

ば、すべての脱皮殻がひとりでに外部に落ちるというのはあり得ないことだ。これはどういうことだろうか。

一つの可能性は、ゴール内のアブラムシは、脱皮時になるとゴールの外面に現われ、そこで殻を脱ぎ捨てるということである。しかし、脱皮中あるいは脱皮直後の虚弱な期間を、わざわざ外界にさらされて過ごすというのは、ありそうもない話である。

もう一つの可能性は、アブラムシが、脱皮殻や甘露をゴール外へ押し出しているということである。さらに想像をたくましくすれば、このような〝労働〟に携わるのは兵隊であり、兵隊が頭でゴミを押し出しているのではないだろうか。こう考えれば、兵隊の頭に生えている二対の剛毛の意味もわかる。あれで、ゴミをひっかけるのだ。

この後者の仮説は、私にとって魅力的なものであった。アブラムシの兵隊は、アリやシロアリの〝兵隊アリ〟のアナローグである。では、〝働きアリ〟に対応する〝働きアブラムシ〟はいないだろうか。

こう考えたくなるのは当然である。もちろん、働くアブラムシが存在したとして、兵隊アブラムシの存在がすでにわかっている現在、そのこと自体、たいした学問上の重要性はないかもしれない。しかし、研究者の動機など、そうそう崇高なものではないのだ。少くとも私は、そのことを認めるのにやぶさかではないタイプである。働きアブラムシ――こんなジョークのようなものを出せば、それだけでともかく楽しいではないか。

一九七八年の一二月、この点を明らかにするために私は再び日月潭《リーユエタン》を訪れた。しかし、よもや動機が不純だったせいでもあるまいが、ウラジロエゴノキアブラムシの兵隊労働説を支持する決定的な証拠を得ることはできなかった。ゴールは、みな高い所にあり、直接観察ができる位置には一つも見つからなかった。

ある〝実験〟

その後も、アブラムシの労働のことは私の頭を離れなかった。翌一九七九年の夏のある日、私は札幌を流れる豊平川の河原に立っていた。目の前には三メートルほどのドロノキが一本、強い夏の陽ざしを浴びている。枝からは、それほど多くはない種だが、見慣れたドロエダタマワタムシのゴールが一つ見つかった。

ドロエダタマワタムシの幹母《かんぼ》は、札幌では五月に越冬卵から孵化《ふか》する。そして、ドロノキの若枝にゴールを形成し、その中で次世代の子供を産む。第二世代は、早いものでは六月中に成虫（有翅虫《ゆうしちゅう》）になり、ゴールを脱出して二次寄主（未知）へ飛んでいく。幹母は、その後も産仔を続け、捕食者に襲われなければ、コロニーは秋まで継続する。私は、秋も深まった十月七日に、腹部がしおれて梅干婆さんのようになった幹母と、その子供である有翅虫を含んだゴールを得たことがある。

この種は、有翅虫をちびちびと長期にわたって生産する戦略を採っている。このような戦略が採れるのも、この種のゴールが完全には閉じていないからだ。ゴールの先端には直径一ミリほどの小孔が開いており、この開口部から成熟した有翅虫が脱出するのである。この開口部からはまた、甘露《かんろ》や脱《だっ》皮殻《ぴがら》がこぼれ落ちる。甘露は、ワックスでコーティングされているため、ドロエダタマワタムシのゴールの下に位置するドロノキの葉は、ワックスで白く汚れる。

ドロエダタマワタムシのゴールの開口部はゴールの先端にあるわけだが、先端部は通常下方に曲がり、開口部はゴールの下面に位置することになる。したがって、甘露は、重力によって落ちるのであろう。私はそう思っていた。

だが、この日の私は、また子供の悪戯のようなことを考えていた。目の前に、手頃な高さのゴールがある。これから落ちる甘露は重力のみで落ちているのかもしれないが、あるいはひょっとするとアブラムシが押し出しているのかもしれない。では、重力では落ちないようにしてやったらどうなるだろう。

私は、枝を引っ張ってこのゴールを九〇度横に傾け、ゴールの開口部が真横にくるようにして糸で結んだ（**図表45**）。

こうしておけば、重力で甘露が落ちることはない。二、三日放っておいてまた来てみよう。まあ、十中八九は何も起こるまい。しかし、たいした手間ではないし、当たればもうけものだ。

二日後の七月一一日、ほとんど期待をいだかずに、私は、例のドロノキを見にいった。すると、傾けたゴールの先端から何やら白いものがぽとぽとと落ちている。急いでルーペを取り出して、開口部

■図表45：ドロエダタマワタムシのゴール。開口部が真横にくるように枝を傾けて，糸でしばってある。

から中をのぞいてみる。こんな事ができるのも、開口部の位置が真横になったからだ。下方に開口していたのでは、逆光だし、甘露は落ちてくるし、何より不自然な姿勢を強いられることになる。

見える、見える。奥の方はわからぬが、出口のところに二、三匹の一令幼虫の頭が見える。と、奥の方から、何やら白い球のようなものが現われ、出口の方へ近づいてくる。甘露球《かんろきゅう》だ。書き遅れたが、何種類かのアブラムシは甘露の表面をワックスでコーティングし、ころころした小球、つまり甘露球にする。これが出てきたのだ。

この甘露球は、やがて、直径一・二ミリの、ほぼ円形をしたこのゴールの開口部をふさぐようになったかと思うと、突然ゴール外へ落下し、視野から消え去った。その後には、前脚とアンテナをうちふった一令幼虫の姿が見えるではないか。アブラムシの一令幼虫が甘露球を後方から押して、ゴール外へ捨てているのだ。

さらに観察していると、次から次へと甘露球が押し出される。ゴールの開口部をほとんどふさいでしまいそうな大きな甘露球が、ゆっくり回転しながら出てくることもあるし、背後から押しているアブラムシが見えるような小さな甘露球がころげ落ちることもある。脱皮殻が開口部にひっかかったこともあったが、何やかやとやっているうちに結局は押し出してしまった。

八月一五日に一〇分間、出てくる甘露球を数えてみたら、大小様々なのが一八個という結果であった。甘露球の落下直後に、背後から押しているアブラムシの前脚が持ち上がっているということは、このアブラムシが前脚を使って甘露球を押し出しているということだ。

アブラムシも、掃除程度の単純な〃労働〃ならするのである。もちろん、観察されたのは人為的に操作されたゴールにおいての掃除行動である。しかし、自然状態でこのアブラムシが全くゴール掃除の必要がなければ、ゴールの開口部を下から横になるよう操作した時に、忽然と掃除行動が解発されるわけがあるまい。したがって、この〃実験〃は、自然状態においてもドロエダタマワタムシの一令が働いていることを示している。

それにしても、やってみるものである。こんなアホな実験をやれるのは私くらいしかおるまいと、何やら気恥しい気分になった自分に言い聞かせた。

エゴアブラムシの労働

最後に再びエゴアブラムシの話に戻り、この章を終えるとしよう。

ウラジロエゴノキアブラムシの労働を確認することはできなかったが、一九八三年になって、エゴアブラムシの別の種で、ついに掃除行動を確認することができた。ハクウンボクというやはりエゴノ

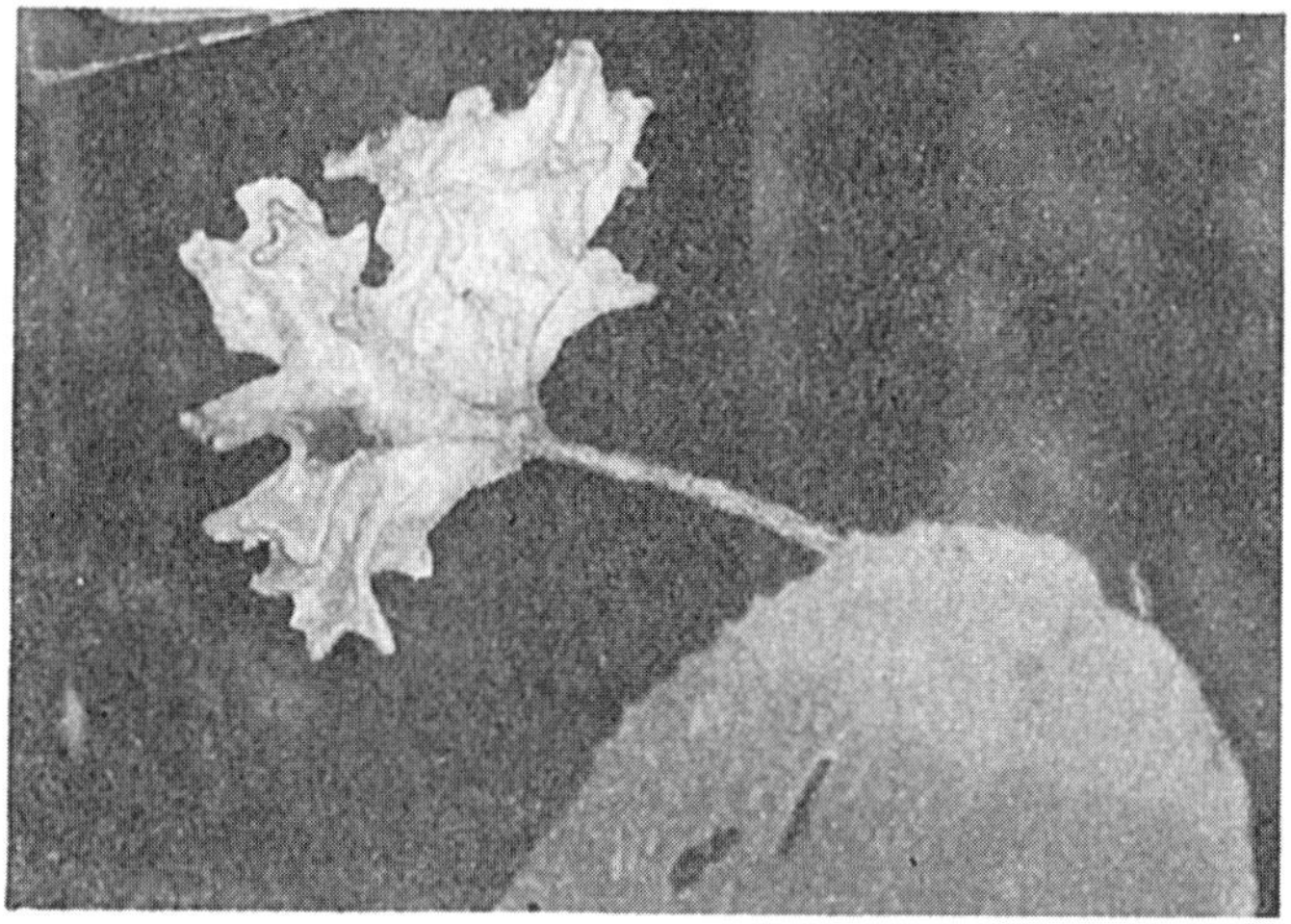

■図表46：ハクウンボクハナフシアブラムシのゴール。

キ属の植物にゴールを作る、ハクウンボクハナフシアブラムシという種類である。サンゴ状をした、〝花附子《はなふし》〟と呼ばれる七、八センチにも達する黄色いゴールの住人だ（図表46）。

このゴールには、いくつかの小さな開口部ができる。その開口部から、やはり甘露球《かんろきゅう》や脱皮殻《だっぴがら》が外部に捨てられるのだ。

この年は幸運だった。埼玉県の正丸峠で見つけた一本のハクウンボクに、かなりの数のハナフシができていた。そして、そのうちの二個は直接観察できる高さにあった。ルーペで小さな穴をのぞくと、アブラムシが甘露球を押し出しているのが見えた。自然状態での、最初のアブラムシ労働の確認である。

このアブラムシのゴール居住者の分析は、現在進行中である。働いているのはキチン化の強い二令幼虫で、これも恐らく兵隊と思われる。ゴールの一部をピンセットで破ると、多数のこのタイプの二令幼虫がゴール外へはい出してくるからだ。この二令の頭部には一対の太い剛毛が生えている（ウラジロエゴノキアブラムシの兵隊では二対であったけれど)。この剛毛は、予想通りホウキの役割をしているようだ。というのは、ドロエダタマワタムシの一令は前脚で甘露球をころがすが、この種の二令は、前脚は下に(つまり植物組織上に)置いたまま、頭を使って甘露球をころがすのである。ただし残念ながら、どのようにこの剛毛を使っているかは、何せものが小さいだけに、まだ確認できていない。

かくして、ウラジロエゴノキアブラムシの兵隊労働説も、当っている可能性が濃厚になってきた。あの、カリフラワーの頭のような巨大なゴールの中で、兵隊が愛嬌のある仕草でゴミを押し出している姿を想像すると、ますますこのアブラムシのイメージはアリやシロアリのイメージと重なってくる。さらにアナロジーを進めれば、この兵隊は、日令によって分業を行なっているのではないかとのアイデアに至る。若い兵隊は内役をし、先の見えた老いた個体が特攻隊としてゴールから飛び降りるのだ。これが最も効率的な兵隊の使い方ではあるまいか。

* 日本人の著作でこの論文を引用したものは、私達以前には、彼の上司であった素木得一の『衛生昆虫』(一九五八年)のみではないかと思う。

第4章 兵隊の発見を振り返って

三種類の兵隊

第一章ではボタンヅルワタムシの兵隊について、第二章ではツノアブラムシの兵隊、第三章ではエゴアブラムシの兵隊について述べた。

今のところ知られている兵隊は、これら三つのタイプだけであり、彼らはまた各々が独立に進化してきたと考えられる。つまり、アブラムシ上科においては、少くとも三度、真社会性が生じたと言うことができよう。

ボタンヅルワタムシはタマワタムシ亜科に属し、ツノアブラムシとエゴアブラムシはヒラタアブラムシ亜科に属する。したがって、ボタンヅルワタムシ属の兵隊とツノアブラムシの兵隊との外観上の類似(いわゆる〝カニムシ型〟)は収斂《しゅうれん》現象であり、両者が独立に進化してきたことに関しては疑問

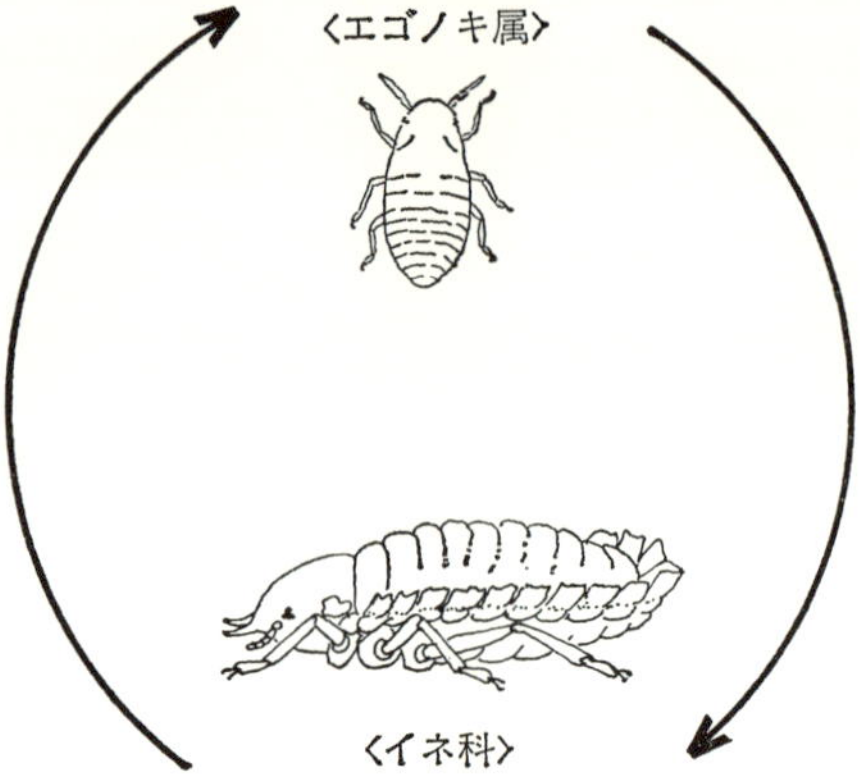
兵隊は2令
口針で刺す
兵隊は1令
ツノで刺す

■図表47：カタアブラ族アブラムシの生活環。

の余地がない。しかし、ツノアブラムシとエゴアブラムシについて言えば、両者は同じカタアブラ族に属し近縁であるから、それぞれの兵隊が独立に進化したということについて説明を補足せねばなるまい。

実は、第二章でも簡単に触れたが、ツノアブラムシとエゴアブラムシという呼称は、カタアブラ族の二次寄主上の世代と一次寄主上の世代にそれぞれ対応しているのである。

カタアブラ族の一次寄主は知られている限りみなエゴノキ属の植物で、二次寄主は若干の例外はあるが、多くはイネ科植物である。この二種類の寄主植物上で形態の非常に違ったアブラムシが出現し、兵隊のほうもその特徴をうまく利用している。たとえば、二次寄主上の世代では頭部に一対のツノがあり、そこで生産される兵隊はツノを使って外敵を刺すが、一次寄主上の世代にツノはなく、兵隊は外敵を口針で刺す（図表47）。

現在見られる移住性の種は、もちろん非移住性の種を祖先として進化したわけだが、もし非移住性の時代にすでに外敵に対する攻撃性を獲得し、それが一次寄主上の世代と二次寄主上の世代に共に受けつがれていったのだとすれば、兵隊の攻撃方法や令期が異なるというのは不自然である。また、もしどちらか一方の世代で進化した攻撃性が、他方の世代での攻撃性を何らかの方法で発現させたと仮定しても、攻撃方法が異なるというのはやはりおかしい。したがって、彼らは独立に進化したと考えざるを得ないのだ。

というわけであるから、原理的にはカタアブラ族には、単一の種で二通りの兵隊を持った種がいても良いことになる。チヂミザサに寄生するヒエツノアブラムシはツノで刺す一令の兵隊を出すが、実はこの種は第三章でエゴノフトアシアブラムシとして紹介した種の二次寄主上の世代である可能性が高い。これが正しいとすれば、エゴノフトアシアブラムシはウラジロエゴノキのゴール内で二令の口器で刺す兵隊を生産するから、二種類の兵隊を持った種の第一号となろう。他にもこういうケースはあると思うが、何しろカタアブラ族では、ほとんど一次寄主上の世代と二次寄主上の世代との対応がついていないというのが現状である。

もう一度、三つのグループの兵隊の特徴について要約すると次のようになる。

一、ボタンヅルワタムシ属。ボタンヅルワタムシを含む三種が二次寄主（センニンソウ属の植物）上で兵隊を出す。兵隊は一令で前・中脚が発達し、外敵を口針《こうしん》で刺す。

二、ツノアブラムシ（カタアブラ族の二次寄主上の世代）。アレクサンダーツノアブラムシなど六種がイネ科（うち一種はショウガ科）植物上で兵隊を出す。兵隊は一令で前脚が発達し、ツノで外敵を刺す。

三、エゴアブラムシ（カタアブラ族の一次寄主上の世代）。ウラジロエゴノキアブラムシ、エゴノフトアシアブラムシの少くとも二種（おそらくもっと多数の種）が、エゴノキ属の植物にゴールを形成し、その中で兵隊を出す。兵隊は二令で、口針で外敵を刺し、前脚が肥大するものもある。また、ゴールに振動を与えるとたやすくゴールから落下し、人の皮膚上に落ちればこれを口針で刺し、かゆみを引き起こすものがある。

一方、前社会性のアブラムシ、つまり兵隊カストの分化は生じていないが攻撃性のあるアブラムシも、かなりの数が知られてきている。これまで、ボタンヅルワタムシのケヤキ上の世代、ケヤキワタムシ、ドロエダタマワタムシ、カンシャワタムシの四種を紹介した。この他に未発表のものや、まだ真社会性か前社会性かどうかの分析をしていないものもあるので、現在までにわかっているものは一〇種程度と言葉をにごしておこう。タマワタムシ亜科、ヒラタアブラムシ亜科では、今後もまだまだ攻撃性のあるアブラムシは見つかると思う。

なぜ、今までわからなかったか

では、なぜ今までアブラムシに攻撃性があるということがわからなかったのだろうか。兵隊を生産するボタンヅルワタムシ属、カタアブラ族は、共に、東アジア中心の分布をしており、ヨーロッパや北アメリカにはいない。* これが、私にとって最大の幸運だったのかもしれない。〝知的先進地域〟にこれらの兵隊アブラムシが分布していれば、とうにわかっていただろうというわけだ。

しかし、兵隊ではなく、単に攻撃性のあるアブラムシ（前社会性のアブラムシ）ということであれば、これらの地域にいないというのはちょっと考えられないことである。まだ見つかってはいないが、私は、いるという方にコーヒーの一杯を賭けてもよい。

候補者をあげよう。攻撃性のある種ドロエダタマワタムシを含むタマワタムシ属（*Pemphigus*）のアブラムシは、北アメリカやヨーロッパで多数の種に分化している。その中には、*P. ramulorum* や *P. immunis* のように、ドロエダタマワタムシとそっくりな形のゴールを作る種がある。またポプラの葉柄にらせん状のゴールを作る *P. spirothecae* というヨーロッパの種では、第二世代の一令幼虫の後脚が肥大しているということが、G・ランペルによって一九六八―六九年に報告されている。ドロエダタマワタムシの一令幼虫の後脚がやや発達しているということを思い出して欲しい。私は一九七九年の *Aphidologists Newsletter* 誌上で *P. spirothecae* 一令の攻撃性を示唆したことがあり、また何人かのヨーロッパのアブラムシ研究者に宛てて、調べてみたらどうかとの手紙を書いたこともある。しかし、まだだれも何も言ってこない。

実は、さがしてみれば、アブラムシが他の動物を攻撃したという記録はあるのである。アメリカのA・A・ジローは一九〇八年に、飼育下でプラムのアブラムシ（種名不詳）が捕食性テントウムシの一種 *Megilla maculata* の卵を攻撃し、その内容物を吸収したという観察を報告している。日本の栗崎真澄は一九二〇年に、ミカンに寄生するアブラムシ（種名不詳）がヨツボシクサカゲロウとカオマダラクサカゲロウの卵の内容物を吸収するのを観察した。ヨツボシクサカゲロウの場合、八月に約三〇パーセントの卵がアブラムシによって〝食害〟されたという。また、V・フォーゲルヴァイトはヨーロッパで一九二一―二二年に、ホップのアブラムシ（種名不詳）がハダニを攻撃し、その体液を吸収したという報告をしている。

C・J・バンクスらは一九六八年に、アブラムシが同種他個体を口針《こうしん》で刺すという〝共食い〟の発見（これは偶発的なものであろう）に加えて、前三著者の論文と、前章で引用した高橋良一の「人を刺す蚜虫《がちゅう》」を*Nature*誌上でとりあげているが、その表題は「アブラムシによる共食いと捕食」であった。今から考えると、彼らがどうして〝防衛〟というアイデアにふれなかったのか、と思うような論文である。実際、彼らの引用しているジローは（彼は奇人として有名な昆虫学者だった）、テントウムシがアブラムシのコロニーの中に直接産卵することがまれであるのは、アブラムシによる卵の捕食と関連があるのではないかと示唆しているのだ。

　ただし、これらの古い報告には問題があった。アブラムシの口針の中には汁液を吸い上げるための管が通っているが、この管は非常に細い。A・R・フォルブスが一六種のアブラムシについて調べたデータでは、最大の種が直径一・四ミクロン、最小のものが〇・六ミクロンとなっている。

　J・L・オークレアによると、この細さでは、コロイドより大きいいかなる種類の粒子も摂取できないであろうという。したがって、組織細胞一般、血球、大型のバクテリアなどは吸収できないことになる。これで、テントウムシやクサカゲロウの卵の中味を吸い出せるのだろうか。

　昆虫生理学に素人である筆者は、アブラムシが動物質の食物を吸収できるかどうかという問題は将来の研究を待たねばならぬもの、と逃げておく。しかし、ジローや栗崎の観察がこの点について仮に誤まっていたとしても、アブラムシが捕食者の卵を口器で刺しているのを見誤まるということはないだろう。これは私（と私の妻）の推測だが、彼らが見たアブラムシは、唾液を捕食者の卵に注入し、それが〝毒〟として働いて卵が変形したのではないだろうか。これを彼らは、内容物の吸収と勘違いしたのではあるまいか。

　さらに、疑いようのないアブラムシによる捕食者攻撃の観察例も〝再発見〟された。チョウの研究家であった磐瀬太郎は、一九四八年に、食肉性のシジミチョウ、ゴイシシジミの若令幼虫が、その餌である「アブラムシにしがみつかれて相討ちとなって死んでいるのを見たことがある」と書いている。ゴイシシジミが食うのはササコナフキツノアブラムシで、これは後にカニムシ型の兵隊を持つことがわかった種である（二四ページ）。

そして、高橋やドクタース・ファン・リーウェンらの人を刺すエゴアブラムシの報告（第三章）を加えれば、これまで兵隊アブラムシが見つからなかったこと、あるいはアブラムシが捕食者を攻撃し彼らのコロニーを守るということがわからなかったというのは、奇妙なことと思われるかもしれない。

しかし、これらの断片的な記録は、アブラムシ学者に「アブラムシはひよわな無抵抗な昆虫である」という常識を疑わせるには至らず、結局は文献の墓場の中に埋もれてしまった。私も最初の兵隊を発見する以前は、これらの論文を全く知らなかった。仮に、この中のいくつかにたまたま出会っていたとしても、そのことがアブラムシの攻撃性を発見させる引き金となったかどうか、はなはだ疑問である。

例えば今ならば、ゴイシシジミの若令幼虫がアブラムシにしがみつかれて死んでいるのを見たという一文を読めば、ツノアブラムシのカニムシ型をした兵隊が、図表16（四九ページ）のように、がっしりと捕食者にしがみついている姿が浮かんでこよう。しかし私でも〝兵隊説〟を心にいだく以前であったら、このような報告はまず疑ってかかったであろうし、一時的に興味を持ったかもしれないが、そのうち忘れてしまっただろうと思う。科学は観察データの集積によって進歩すると考えている人には寂しいことだが、科学者は常識に合わない断片的な観察データなど、たいていは忘れてしまうのである。

それにしても、ツノアブラムシのカニムシ型幼虫は、兵隊であることがわかっていても良さそうなアブラムシであった。〝カニムシ型〟の名付け親であるオランダの大家ヒレ・リス・ランバースをはじめ、インドのA・N・バスー、フィリピンのV・J・キャリラン、そして日本の高橋など、何人かのアブラムシの分類学者は、奇怪な形態をしたカニムシ型幼虫の存在に気付いていた。特に高橋のいた台湾では、ツノアブラムシは豊富で、高橋がこのアブラムシに興味を持っていたことは、彼の残したツノアブラムシについての多数の論文からも疑いない。

彼は、ツノアブラムシの一種、タケツノアブラムシの足振り行動（六七ページ）を報告したり、シロアリの巣とこのアブラムシのコロニーが重なった状況を報告しているから、かなり注意してこのアブラムシを観察していたと思われる。

第二章で述べたように、現在では、タケツノアブラムシも多数のカニムシ型の兵隊を生産し、ヒラタアブの幼虫などをコロニーに付ければ、兵隊がつかみかかりツノで刺すということがわかっている。単にコロニーを眺めているだけでも、カニムシ型をした兵隊がコロニーのはずれを歩き回っているアリなどに、前脚を持ち上げ、それを素早く開閉するといった攻撃行動を示すのを、しばしば観察できる。

晩年の高橋の論文は記載分類一辺倒だが、一九二〇～三〇年代の台湾時代の彼は、ナチュラリスト的色彩もかなり強かった。その高橋でもわからなかったのだろうか。ウラジロエゴノキアブラムシの人を刺す習性は知っていたのである。ツノアブラムシのカニムシ型幼虫が兵隊であるというアイデアは、まったく思いつかなかったのだろうか。

晩年、日本に帰ってからの高橋は、一九五八年に日本産コナフキツノアブラ属についての短い論文を一編発表している。これがツノアブラムシに関する彼の最後の論文になった。この仕事で使われた標本は現在北大に保存されており、その中にはかなりの数のカニムシ型幼虫がピック・アップされている。しかし、論文は一言もこれにふれていない。

カンシャワタムシの一令幼虫の攻撃性（七五ページ）も、いままでわからなかったのが不思議である。繰り返しになるが、この種はアジアの熱帯および亜熱帯で、サトウキビの害虫として古くから研究されていた。日本人では、戦前、台湾の糖業試験場にいた高野秀三が、その形態、生態、天敵などを詳しく調べている。彼は、一九四一年に発表した論文で、若令幼虫の頭突き行動と思われるものにふれ、彼らのツノはこの習性に適応しているのであり、外敵に対する防衛のためではないという一言を残している。彼は、半分正しく、半分誤まっていたわけだ。しかし、防衛のためではないと記したこと自体、だれかが（冗談であっても）防衛のためのツノということを言っていたのではないだろうか。はたして誰も、カンシャワタムシの捕食者の卵攻撃を見なかったのだろうか。

私の与えうる説明は、理論なしではものは見えぬという、最近ではやや陳腐になってしまった科学論の繰返し以上のものではない。兵隊説という〝色眼鏡〟によって、いろいろな種の攻撃性が見つかったし、また前述したいくつかの古い記録も、防衛を示唆するものとして、あるいは示すものとして見えるようになったのだろう。

では、なぜ、私は兵隊説を手にすることができたのか？　こんな問題を自ら論ずること自体不遜であるのかもしれないが、ふり返ってみると、私は高橋良一さんと比べた場合に、幸運だった三つの点をあげることができる。

第一に、私はボタンヅルワタムシの短吻型《たんふんけい》幼虫の問題に真剣に取り組むことができた。当時の私は、他に取り組むべき問題を持ってはいなかった。私はそう考えていた。私がかつて全力を傾けていた（そして、部分的には今でも継続している）記載分類に対する世間の評価は、私の時代には最低であった。私はアマチュアの昆虫愛好家から、あれは大人のやることではないと言われたことを思い出す。高橋の時代には、こうではなかった。〝分類学者〟の持つ響きは、もっとずっと輝かしいものであったはずである。そんな分類学者高橋が、ツノアブラムシのカニムシ型幼虫や、ウラジロエゴノキアブラムシの人を刺す習性にひかれたとしても、片手間以上には没頭できなかっただろうことは、私には良く理解できる。

第二に、私の時代は、彼の時代に比べ、疑いなく自由に想像を駆けめぐらせることが許される時代であった。問題状況をうまく説明できるような仮説を作ることは、必ずしもたやすいことではない。自分自身に自由に考えることを奨励しなかったとしたら、私には短吻型幼虫の問題は解けなかっただろう。

もちろん、いまだに多くの大学の先生が、仮説作りをたしなめ、そして「偏見のない眼で事実を集め、それに基づいて物を言わねばならない」と声を大にしているのを私は知っている。彼らにとって、〝お話〟はだれにでもできるものなのだ。自らを頭脳労働者とみなしている人種が、考えることの価値を認めたがらないのだから奇妙である。だが、ポパーの『科学的発見の論理』、クーンの『科学革命の構造』が邦訳されたのが共に一九七一年であったことを考えると、これはある程度は仕方のないことかもしれない。私は良い時代に生まれたのだ。

ちなみに、私が科学方法論に興味を持ったのも、分類学の危機と関連がある。一分類学者として私は、分類学に向けられた批判——その中には正当なものも見当はずれのものもあったが——に対して反論を試みようとした。そのために、科学論は必要であった。ポパーやクーンの著作に出会ったのは、この時だった。

第三に、私の時代は、社会性昆虫の不妊カストの進化の問題がはなばなしく取り上げられた時代であった。この最後の点については、次節でふれることにする。

アブラムシの兵隊と社会生物学

一見常識とは相入れないような予言が当ること。科学者にとって、こんなに気持の良いことはあるまい。一九七二年に、当時イギリスにいた理論生物学者ウィリアム・ハミルトンは、彼の血縁選択の理論から、アブラムシにおける不妊カストの存在を強く示唆していた。もっとも、続いて彼は、アブラムシにアリやシロアリで見られるようなカスト分化が生じていない〝事実〟の説明を、ひねり出さねばならなかったのだけれども。

ハミルトンは、〝社会生物学《ソシオバイオロジー》〟と呼ばれることになった学問分野の創始者と見なされている。社会生物学とは、あらっぽく言えば、社会行動を含めた生物の形質が、どのような有利性で進化してきたのか、あるいはどのような有利性で保持されているのか説明しようとする学問である。

この形質の有利性を考えるにあたって、種《しゅ》にとって有利であればよしとする、社会生物学以前に多くの生物学者が暗黙に仮定していた前提と訣別する。そのかわりに、その形質を支配している遺伝子にとっての有利性を、つまりその遺伝子が増えるか減るかを考える。この立場からは、あたかも生物種の各個体は、その種の絶滅のことなど眼中になく、自分の遺伝子を最大に子孫に伝えるべく振舞っているようにみえるのだ。

社会生物学は、人間の心理・行動をも、この遺伝子の論理によって説明したため、少なからぬ人々を怒らせることになった。しかし、この有名になった社会生物学的人間論を除いたとしても、種から遺伝子への考え方の転換は、革命ともいえるような変化を生態学にもたらした。

つまり、〃種にとって有利〃式の考え方をしていた時には見えなかった生物の利己的特性が、次々と発見されたのである。アブラムシ関係では、ゴール形成場所をめぐる同種個体間の戦いや、ゴール乗っ取り、幼虫のゴール間移動の現象などがあげられよう。また、ユキムシの大きい母親はメスに偏った性比で、小さい母親はオスに偏った性比で子を産む現象を説明した山口陽子のエレガントなESSモデルなどは、社会生物学のパラダイムなしでは考えられない研究成果である。

一方、この〃利己的遺伝子《セルフィッシュジーン》〃の立場を採れば、自分が損をしてまで相手を助ける〃利他的〃行動が、どうやって進化したのかが問題となる。たとえば社会性昆虫の働きバチのように、他個体の子供を育てる〃手伝い〃行動。あるいは、兵隊アリのように果敢に外敵を攻撃する自己犠牲的行動などは、疑いようのない利他行為である。

一九六四年にハミルトンは、後に血縁選択説として有名になった理論を提唱し、この問題に答えた。利他的行動を支配する遺伝子は、その利他行為によって利益を受ける血縁者を通じて次世代に伝わるのである。そして、どの程度の利他行為ならば進化するのか、どの程度の血縁者に対してならば良いのかという条件は、$b/c>1/r$ という極めて単純な式で与えられる。ここで、c は利他行為に伴う利他者の損失（cost）、b はその利他行為の対象となる受益者の利益（benefit）、r は利他者と受益者の間の血縁度（同祖遺伝子を共有する確率）である。この式から明らかなように、他の条件が同じであるなら、利他者と受益者の間の血縁度 r が高ければ高いほど、利他的性質は進化しやすいことになる。

これが、ハミルトンがアブラムシの不妊カストを示唆した理由なのだ。アブラムシは単為生殖をするから、単一の母親に由来するコロニー中の個体はみな同じ遺伝子型を持ち、どの個体間のrも1である。したがって、ある利他行為における受益者の利益bが利他者の損失cを上回るだけでハミルトンの条件が満たされ、この利他行為は進化しうることになる。

rが1のコロニー（純粋のクローン）では、どの個体が子供を残しても遺伝的には変わりがない。それゆえ、コロニー全体としての利益を増すように働く（つまり$b>c$）いかなる利他行動も進化しうる。

これに対し、例えば私達のような、有性生殖をする二倍体の動物の兄弟間（$r=1/2$）で利他的性質が進化するためには、（後述する特殊なケースを除き）$b/c>2$でなければならない。兄弟の子供は、自分の子供に比べて遺伝的には半分の価値しかなく、自分の損失の二倍以上の利益を与えるような利他行為でなければダメなのだ。さらに、従兄弟間（$r=1/8$）での利他行為ということになれば、自分の損失の八倍以上の利益を与えるような、極めて効率の良いものに限られてしまう。

一九八一年になると、アブラムシに続いてトビコバチにおいても、類似の不妊カストが、アメリカのY・P・クルーズによって見い出された。この寄生バチでは、多胚《たはい》形成によって、一卵から多数の幼虫が生まれ（したがって彼らはクローンである）、その一部が蛹化《ようか》しない不妊の防衛幼虫になるという。

現在では、ハミルトンの血縁選択説は、ほぼ完全に科学者集団に受け入れられているといって良いだろう。けれども、ボタンヅルワタムシの短吻型《たんふんけい》幼虫を追いかけていた一九七五年には、私はハミルトンの示唆に全く気づかなかった。それゆえ、私は血縁選択説におおいに関心を持っていたのだけれど、血縁選択説の予言が私を兵隊説へと導いたのではない。

実際、不妊カストを発見するためには、社会生物学など要らないと思う。たしかに、現在の利己的遺伝子の観点からすれば、アリやミツバチの不妊カストの存在は、血縁選択説あるいはM・T・ギセリンやR・D・アレクサンダーの〝親による操作〟説なしでは、説明困難なパズルとして映るだろう。しかし、彼らの存在自体は、〝種にとって有利〟式の昔風の説明とも容易に調和するはずである。アリやハチ、シロアリの不妊個体の存在は、一般の人々にとってさえ、ずっと以前から周知の事実であった。

第一章でも述べたように、私は一九七五〜七六年には、友人の山根正気君やミツバチを研究していた大谷剛さんと、ハミルトンの血縁選択説について論じていた。彼らが関心のあった社会性昆虫の不妊カストの進化の問題に、私も割り込んでいったのである。この議論は、恐らく兵隊説を思いつくのを容易にしてくれたと思っている。ただし私たち三人共、ハミルトンの説には懐疑的だった。特に、後述する〝3/4仮説〟については、私（達？）の不理解もあったが、ナンセンスとしか思えなかった。

私は、親による操作説——簡単に言えば、親が自分の子供の一部を自己犠牲的な利他者として行動するよう操作し、生殖に関与する子または孫の数を増やすことができれば、このような親に働く遺伝子は正の選択を受けるという説——を支持していた。それゆえ、アブラムシにおける不妊カストの発見は、この説と対比させた場合に、ハミルトンの言う血縁選択説にとって不利になるだろうと考えた。そして、兵隊の発見を報じた最初の論文にそう記した。これは後に、リチャード・ドーキンスによって、「血縁選択説一二の誤解」の一つに数えられることになってしまった。

しかし、いさぎよくないと言われるかもしれないが、私にだって言い分はある。血縁選択説の歴史は、そう単純なものではなかったのだ。

現在では血縁選択説を支持する証拠も豊富になったが、ハミルトンが一九六四年の時点で自説を支持する有力な証拠としてあげたのが、真社会性がハチ、アリの属する膜翅目《まくしもく》に集中して起こっているという事実である。真社会性は、膜翅目では一〇回以上独立に進化してきたのに対し、膜翅目以外では、(アブラムシを除いて)シロアリの属する等翅目《とうしもく》で一回生じただけである。

この現象の説明として、ハミルトンは、後にM・J・ウェスト・エバーハードが〝$3/4$仮説〟と名付けた有名な説を唱えた。膜翅目では、受精卵($2n$)がメスに、未受精卵(n)がオスになる雄半数性の性決定システムを採用している。このため、同父母から生まれた娘間の血縁度rは、通常の二倍体生物では$1/2$であるのに対し、$3/4$となる。この大きなrのために娘バチ(あるいは娘アリ)間に利他行為が生じやすく、その極たる真社会性も何度も生じたのだという。この説はE・O・ウィルソンによって積極的に紹介され、社会性膜翅目研究の推進力となった。また、血縁選択説の流布におおいに貢献した。

ところが、血縁選択説一般の成功とは逆に、$3/4$仮説のほうはいろいろな欠陥が指摘され、修正を重ねるうちにヌエのような仮説になっていった。雄半数性における働きバチ進化の条件も、$b/c>4/3$とか$b/c>2/3$、あるいは$b/c>4/5$など、様々な亜説が出てきたのである。最後の式は、R・L・トリヴァースとH・ヘアが一九七六年に発表した有名な論文からの帰結であるが、このように、不等式の右辺の数字(利他性進化の閾値《いきち》)が1より小さい場合には、雄半数性生物のほうが単為生殖をするものより不妊カストを進化させやすいという予測が出てくるのであって、兵隊アブラムシの存在が$3/4$仮説を支持するとは必ずしも言えなくなる。

この働きバチの進化条件にまつわる論争は、一九七九年のR・クレイの論文によって一応の結着がつき、雄半数性でも通常の二倍体でも共に $b/c>1$ が結論となった。よく考えれば、社会性膜翅目の働きバチは、自分の子供のかわりに弟妹を育てるのであって、弟妹の子供（甥《おい》・姪《めい》）を育てるのではない。もし、仮に彼らが通常の二倍体生物であるなら、働きバチにとって自分の子供（$r=1/2$）も弟妹（$r=1/2$）も遺伝的には同じ価値であり、$b/c>1$ は明らかである。雄半数性では、働きバチの自分の子供に対する r は$\frac{1}{2}$、妹に対しては$\frac{3}{4}$、弟に対しては$\frac{1}{4}$である。それゆえ、働きバチが弟と妹を同数ずつ育てると、彼らに対する平均血縁度は$\frac{1}{2}$となり、雄半数性の想定される有利性は消えてしまう。妹のほうを弟よりも多く育てた場合にのみ、彼らに対する平均血縁度は$\frac{1}{2}$以上となり、b/c の閾値が1以下となる可能性が残る。

　クレイは、社会性膜翅目のモデル家族に、働きバチになる遺伝子と、独立して巣を創設する遺伝子を仮定し、シミュレーションによって前者の遺伝子が広まる条件を求めた。結果は$\frac{3}{4}$仮説の期待に反し、妹と弟の比にかかわりなくほぼ $b/c>1$ となってしまった。妹の数が弟の数より多ければ、確かに彼らに対する平均血縁度は高くなる。しかしこの効果は、集団中にメスが多くなるために、オスに対するメスの繁殖成功度が下がって打ち消されてしまうのだ。

　その後も、この$\frac{3}{4}$仮説を救おうと、いくつかの改良が試みられている。例えば巌佐庸は、クレイの性比一定の仮定を取り除いたモデルを作った。各巣で最適な性比が採れるという条件では、社会性進化の初期において雄半数性のほうが通常の二倍体の生物よりも働きバチを進化させやすいという。しかし、逆に社会性進化の後期においては、すなわち当の種において社会性を採る巣の割合が増えてくると、かえって二倍体の生物よりも進化条件がきびしくなってしまうのである。

というわけで、¾仮説は完全に否定されたわけではないが、昔の栄光を取り戻す形で救済されるとは私には思えない。また、どんな形で救済されるかによって、アブラムシ兵隊の証拠としての価値も違ってくるはずだ。

私の¾仮説についての解説は、少し舌足らずであったかもしれない。この論争の詳細を知りたい読者は、『生物科学』三三巻四号（一九八一）、三四巻一号（一九八二）の粕谷英一の論文を参照されたい。

さて、以上述べてきたことは、アブラムシにおける兵隊の存在が血縁選択説を支持するとした私の最初の主張と、矛盾するような印象を与えたかもしれない。アブラムシにおける利他行動進化の条件は $b/c>1$、クレイによれば、雄半数性でも通常の二倍体の生物でも、不妊カストの進化条件は同じく $b/c>1$ であるからだ。

しかし、アブラムシのコロニーでは、それが一匹の単為生殖をする母親由来のコロニーならば、その中のどの個体がどの個体に利他行動を行なっても、その進化条件は $b/c>1$ であるのに対し、有性生殖をする動物で $b/c>1$ であるためには、いろいろうるさい条件が満たされねばならない。その条件とは、両親が単婚《モノガミー》であること。そして、利他行動を演ずるのは兄・姉で、彼らが弟や妹を自分の子供のかわりに育てることができるような家族構造を持っていることである。

これ以外の場合には、利他行動進化の閾値は1より大きくなる。現在真社会性を採っているアシナガバチなどを除けば（ただし、彼らとて母親が単婚かどうかという点については怪しい）、このような条件を満たせそうな動物は、少くとも多くはあるまい。

アブラムシのコロニーは本当にクローンか？

アブラムシのコロニーでは $b/c>1$ で利他行動が進化するといっても、それは r が1、すなわちそのコロニーがクローンである場合に限られる。

アブラムシにおける兵隊の存在が血縁選択説を支持すると述べたが、彼らのコロニーは、本当にクローンなのだろうか？

あるコロニーが純粋のクローンであるためには、創設個体が一匹であること（あるいは複数の場合には、創設個体がみな同一の遺伝子型を持っていること）、他のコロニーからの移入がないことが必要である。

ドロエダタマワタムシのように、幹母《かんぼ》が一匹でゴールを形成し、その中で子供を産む種類では、そのコロニーはまずクローンとみて良いだろう（ただし次章で述べるように、幼虫のゴール間移動が生じている場合はこの限りではない）。

しかし、ボタンヅルワタムシのようにケヤキからの有翅虫《ゆうしちゅう》によってコロニーが形成されるのであれば、複数の有翅虫が一つのボタンヅルに飛来すると、結果として生ずるコロニーはクローンではなくなってしまう。あるいは、ボタンヅル上で越冬した幼虫から由来するコロニーに、ケヤキから飛来した有翅虫の子供が加わるという場合にも、コロニーの純粋性は失われてしまうはずである。残念ながら、ボタンヅルの株当り、どのくらいの有翅虫が飛んでくるのか、実際のところは全くわかっていない。ボタンヅルの株数に比べ、ケヤキで生産される有翅虫の数が少なければ、コロニーがクローンである可能性は高いだろうが。

ツノアブラムシの場合はどうだろうか。アレクサンダーやタケツノなど、兵隊を生産する種のコロニー形成の方法はやはりわかっていないのだが、コロニーが非常に長い間継続すること、そして一令幼虫が風に乗って分散することなどを考え合わせると、彼らのコロニーが純粋のクローンであるとはちょっと考えられない。

また、もし仮にツノアブラムシのコロニーが純粋なクローンだとすると、一つ説明の難かしい問題が生ずる。純粋なクローンの内部においては、だれが子供を残しても遺伝的には違いがない。したがって、このようなコロニーでは、コロニー全体にとってマイナスになるような個体間の争いは見られるはずがない。ところが、ツノアブラムシのコロニーでは、争い（のようなもの？）が頻繁に見られる。頭突き行動（八二ページ）である。

この同種間の相互作用においては、攻撃個体が被攻撃個体の下にもぐり込むだけのケースもあるが、被攻撃個体を追い払ってその個体の占めていた吸汁場所を奪うような場合も多い。また被攻撃個体は、〝尻振り〟や〝回転〟、〝突き返し〟などの反応を示してこれに抵抗する。彼らの行動は、どう見たって、利己的な争いとしか考えられぬではないか。

$b/c>1/r$ が利他行動が進化するための条件であることを前に述べた。この式の裏返しとして、利己行動が進化する条件を定式化できる。

利己行動とは、相手にCだけ損失を与え、自分がBだけ得をする行動と考えることができよう。この場合に、利己行動をする個体と被害者の間の血縁度をrとすると、$B/C>r$ が利己行動の進化条件となる。[**] 両者の血縁度がゼロの場合は、相手に与える損失がいかに大きくとも、自分が少しでも得をすれば良いわけだ。しかし、血縁度が大きくなるにつれ、相手に与える損失の大きさが問題になってくる。血縁度rが1の時、アブラムシのクローンはこのケースだが、$B/C>1$ となり、利己行動をとる個体は相手に与える損失以上の利益を得なければ採算がとれないのである。

一つの物をめぐる争いで、こんなことが可能だろうか。ある餌場から得られる餌の絶対量は同じでも、その一定量の餌が被攻撃個体よりも攻撃個体に対して、より効率的に繁殖成功に対して寄与すると考えたらどうだろう。たとえば、被攻撃個体は満腹なのに、攻撃個体は非常に空腹であるといった場合だ。しかし、この場合でも、利己行動をとる個体の利益Bは、利己行動にかかる経費を差し引いたものと考えねばなるまい。頭突き行動による他個体押しのけには、明らかに経費がかかっている。ツノアブラムシのツノなどは、この行動が進化してくる過程においての主要経費と見なすことができよう。

したがって、ツノアブラムシ一個体の一生の間の利己行動を考えると、Bは粗利益B'とツノにかかった経費hの差として、$B=B'-h$で表わすことができる。ゆえに、$B'-C>h$が、ツノアブラムシのコロニーがクローンとした時の、頭突き押しのけ行動の進化条件となる。これは要するに、ツノアブラムシのコロニーは全体として、ツノにかかる経費を相殺するだけの粗利益を、頭突き行動による配置換えによってあげているということだ。だが、仮にそうだとしても、なぜこんな経費をかけねばならないのか。もっと安あがりなコミュニケーション・システムを採れば良いではないか。

もちろん、アブラムシのコロニーが純粋のクローンではないからといって、兵隊のような利他性が進化しないということにはならない。実際、私は右に述べた理由によって、ツノアブラムシについては、そのコロニーが常に純粋のクローンだとは考えていない。そうでないがゆえに、頭突き行動が進化してきたのではないかと推測している。しかし、クローンではないと言っても、コロニー内の平均血縁度は相当に高いはずだ。将来、電気泳動法などによって、直接に血縁度を測定できるようになれば、この問題にも結着がつくと思う。

アブラムシは血縁者を識別するか

ツノアブラムシについての私の予想が正しいとすると、もう一つの興味ある問題が生ずる。彼らは血縁者を識別できるのか、識別しているのだろうか。

第二章で、アレクサンダーツノアブラムシがタケノヒメツノアブラムシを殺した事例をあげた。では、同種の他のコロニーと出会った時に、他のコロニーの個体に対して同様に攻撃的に振舞わないのだろうか。多くの社会性のアリやハチでは、巣の臭いで仲間と他所者を区別し、他所者には攻撃を加えることが知られている。似たような識別システムは発達していないのだろうか。

現在までのところ、アブラムシにおける明確な同種殺しの事例はない。*** 私は、予備的な実験として、タケツノアブラムシの二つのコロニーを混ぜ合わせてみたが、何事も起こらなかった。もっとも、この二つのコロニーはかなり近い所にあったものだし、アレクサンダーがタケノヒメツノを殺した時も、攻撃は徹底的なものではなかったから、この予備実験は決定的というにはほど遠い。

しかし、もし識別できないとしたらどうなるのだろうか。新たにコロニーに加わった個体が兵隊を産まないで、コロニーの兵隊に依存したらどうなるのだろうか。このような〝裏切り者《チーター》〟によって、兵隊を出すシステムは脅かされないのだろうか。

本章の後半部は、理論嫌いな人々に溜息をつかせたかもしれない。この辺でそろそろ、もう一度野《フィー》外《ルド》へ出ることにしよう。

* 兵隊を生産する既知のアブラムシのうち、最も広い分布域を持っているのはヒエツノアブラムシで、アジアの他、アフリカ、オーストラリア、キューバなどからも記録がある。

** 青木健一著『利他行動の生物学』(海鳴社、一九八三年)三〇〜三一ページに明快な解説がある。

*** ドロトサカワタムシの幹母一令幼虫は、ゴールの所有をめぐって互いに殺し合いをすることが知られている。しかし、この戦いは単独時に起こるので、自分以外はすべて敵だから、血縁識別の問題とは関係ない。

第5章　みにくいアヒルの子

新緑の頃

私は新緑の頃が好きである。北海道のナチュラリストで、この季節が嫌いな人間もおるまい。毎年五月半ばになると、私は定鉄バスに乗る。そして、終点定山渓《じょうざんけい》で降りる。さらに一五分ほど歩くと、道は中山峠へ続く道と、豊平峡への道に分かれ、豊平川と交叉する。ここで近道をして急斜面を下り、河原におりる（図表48）。

雪はもう消えている。オオカメノキが白い花を咲かせ、黒白まだらのシロトラカミキリが訪れている。虫キチの頃、この花で、わりと珍らしいエゾトラカミキリや、チョコレートケーキのようなシロヘリトラカミキリを採った。ついつい花をのぞき込むのは、その癖が抜けないためか。

ヤナギやハンノキの幼木の間を、石につまずかぬように、川沿いに登る。幸いなことに今日は水量

■図表48：私のフィールド，豊平川上流の風景。

が少い。これならば、石をつたって反対側にも渡れよう。まだ、川の水は冷たいのだ。

こんなことをしながら、目をつけておいたドロノキの大木を調べる。独特の甘ったるい臭いを放ちながら、新緑そのもののつややかな黄緑色が、明るい陽ざしにまばゆく輝いている。また一つあった。ドロノキの葉の上面にぽっこりと盛り上がったゴール。これが私のさがしているものなのだ。

我ながら変てこな和名を付けてしまったと悔やんでいるのだが、ドロオオタマワタムシというのが、このゴールの住人である。ドロノキに大きな癭《ゴール》を作る綿虫《わたむし》という意味だ。

ドロノキには、各種のワタムシがゴールを作る。葉に、真赤な、ニワトリのトサカのようなゴールを作るのがドロトサカワタムシ。葉の基部に丸い小球状のゴールを作るのがドロハタマワタムシ。この二種が最も普通である。この他に第二章と第三章で登場してもらった、ドロノキの若枝にゴールを作るドロエダタマワタムシなど、日本からは合計八種のワ

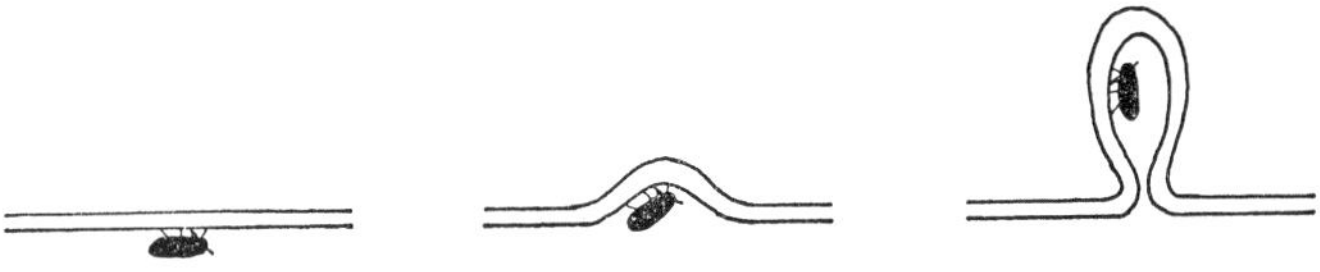

■図表49：ゴールの形成。

タムシのゴールが知られている。ゴールの形状は種《しゅ》によって異なっていて、日本産のものは、ゴールを見れば即その種名がわかる。しかし、おおよその生活史は、どれも似かよっている。典型的な寄主《きしゅ》転換をするアブラムシの一群だ。

まず、ドロノキの樹皮の裂け目などに産みつけられていた越冬卵から、幹母《かんぼ》の一令幼虫が孵化《ふか》する。幹母一令は（葉にゴールを形成する種であれば）展開したばかりの新葉まで歩いていき、そこで植物組織を口針《こうしん》で刺激する。ドロオオタマワタムシやドロトサカワタムシなら、葉身を裏側からつつく。すると、刺激を受けた部分の生長に異常が生じ、反対側、つまり葉の上面が隆起して、幹母一令の付着した部分は陥没する。ゴールはこうして出来上る（図表49）。

ゴールの中で、幹母は四回脱皮して成虫になる。ゴールは、中のアブラムシを乾燥から保護し、また良質の食物を与える。したがって、枝の上を放浪する一令期は、体のキチン化が強く、脚の感覚毛が良

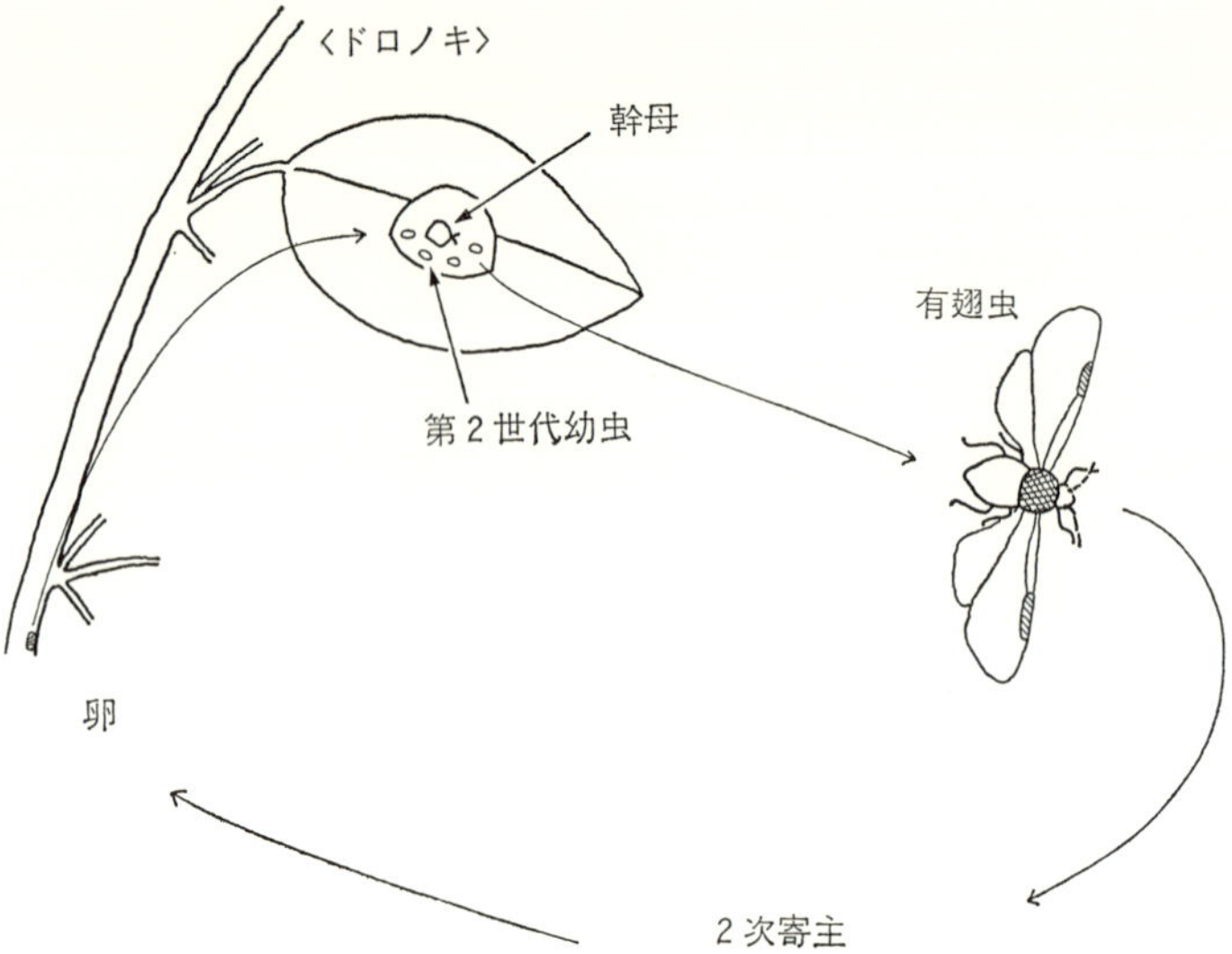

■図表50：ドロノキに寄生するワタムシ類の生活環。

く発達しているのに、一度脱皮して二令になってしまうと、以後は薄い膜におおわれた袋のような虫に変わってしまうということも、理にかなっているだろう。成虫になっても翅《はね》はない。あとはゴールの中で子を産むだけだから、翅など要らないのだ。

ゴールの中で幹母が産んだ第二世代の幼虫は、ゴールの中で生長し、今度は、翅を持った成虫になる。そして、彼らはみなドロノキのゴールを去り、二次寄主へと飛んでいく（図表50）。

二次寄主は、不明な種のほうが多いが、ドロハタマワタムシではカラマツソウ属の植物の根、キンポウゲワタムシではキツネノボタン（キンポウゲ属）など、ドロノキとは系統上全く関連のない植物である。キンポウゲワタムシは二次寄主にちなんで名前がついたが、これもドロノキの葉にゴールを作るアブラムシである。

第二世代の幼虫はゴールの中で生長すると述べたが、このキンポウゲワタムシはちょっと変わったことをやるので但し書きをつけておかねばならない。

この種では幹母が葉の縁に小さなゴールを作り、その中で産仔を開始する。ここまでは問題ないのだが、その後が少し違う。母親のゴールで生まれた一令幼虫は、そこで生長しないでそのゴールを去る。すべての幼虫が出ていくのである。これらの一令幼虫は、そのころ新たに展開するドロノキの新葉に集合し、そしてこの葉をまるめて簡単なゴールを作り、その中で生長して有翅虫《ゆうしちゅう》となる。

さて、ゴールから飛んでいった有翅虫によって形成された二次寄主上のコロニーでは、秋になると再び有翅虫が現われる。第一章で述べたボタンヅルワタムシと全く同じパターンだが、これらの有翅虫は有性生殖をするオス・メスを産むところの産性虫《さんせいちゅう》で、ドロノキの幹に舞い戻る。オス・メスは交尾して受精卵（越冬卵）を残し、産みつけられた卵が再び翌春の幹母へとつながっていく。

二型の一令幼虫

さて、なぜドロオオタマワタムシが問題なのか。

一九七五年の三月、私は、前年採集してアルコール浸けにしてあったこのアブラムシを、プレパラート標本にして顕微鏡でのぞいていた。発端は、ボタンヅルワタムシの短吻型《たんふんけい》幼虫と全く同じであるサンプルの中から、形態の全く異なった二種類の一令幼虫が出てきたのだ。

一方は普通の一令幼虫で、背中にワックス・プレートを備え、並の長さの口吻《こうふん》を持っている（図表51—A）。もう一方が奇妙な一令幼虫で、全くワックス・プレートを欠き、その代わりに背中にキチン板が付いている。そして、口吻が非常に長い。箒《ほうき》に乗った魔女のごとく、尾端から突き出るほどである（図表51—B）。

一つのゴールの中には、一匹の幹母と、幹母の子供である多数の第二世代の幼虫が入っている。し

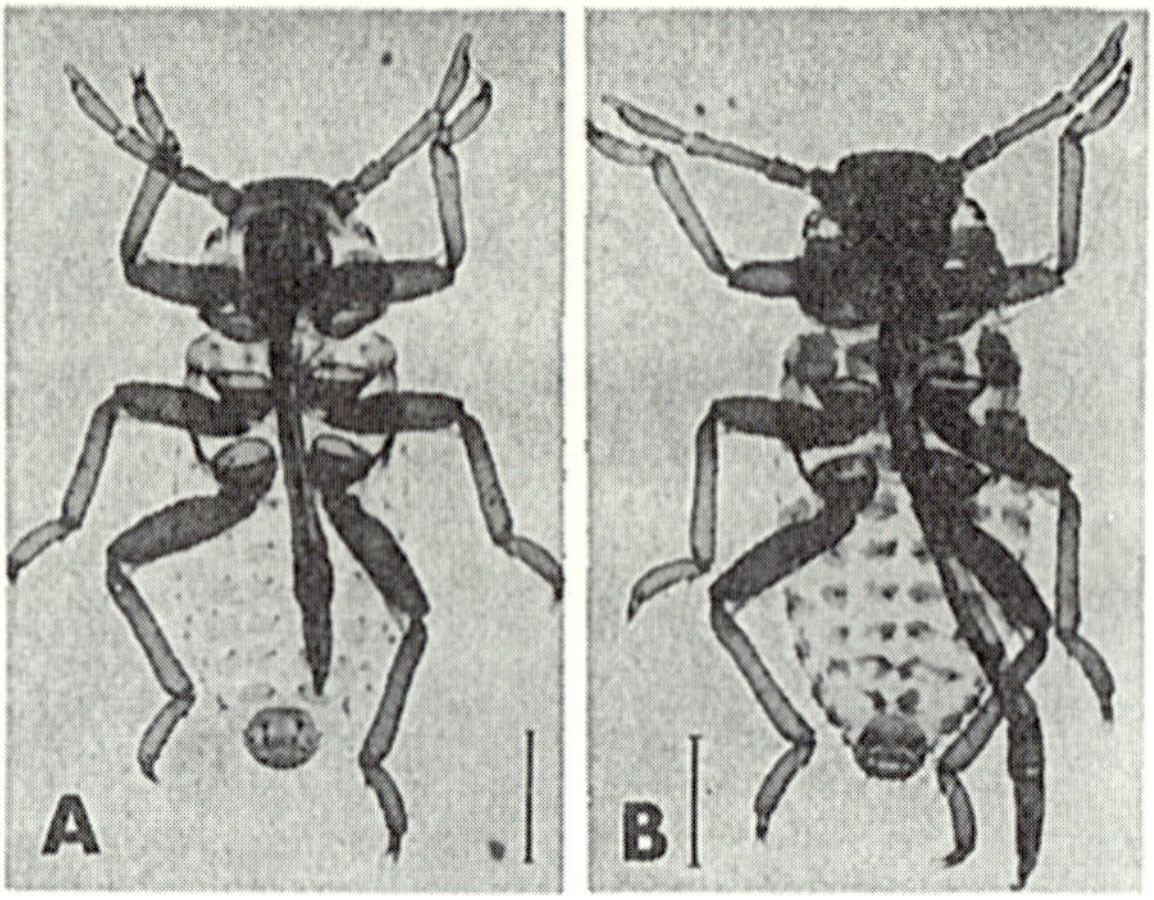

■図表51：普通の一令幼虫(A)と，キチン板・長吻型の一令幼虫(B)。スケールは0.2㎜。

たがって、二型の一令幼虫は共に、この幹母の子供であると考えざるを得ない。そしてこの二型は、ボタンヅルワタムシの幼虫二型と同様に非常に安定している。両者の中間型は一個体を除いて、全く見い出せなかった。この一個体というのは、完全なキチン板・長吻型《ちょうふんけい》であったが、痕跡的なワックス・プレートを有していた。

　ドロオオタマワタムシの第二世代は、当然ゴールの中で生長するもの、と私は考えていた。では、なぜ幹母は二種類の一令幼虫を産むのだろうか。普通の一令幼虫は良いとしても、キチン板・長吻型の一令幼虫はなぜ存在するのだろうか。

　まず、後者が単なる奇型にすぎないのではないかという、想定される嫌疑に対して反論しておこう。アブラムシのように世代によって形態がかなり異なるものでは、まれに、異なった世代の形質が混り合ったような奇型が出ることがある。しかし、それにしては、キチン板・長吻型の幼虫は数が多過ぎるし、また形態が安定し過ぎている。何の役にも立っていないのなら、もっと変異があっても良いはずだ。ボタンヅルワタムシ短吻型幼虫のところで述べた論理を繰返すことになってしまったが、形態が安定しているということは、彼らが自然選択によって形造られてきたということを意味している。

読者は、この奇妙な幼虫が、捕食者から仲間を守る兵隊ではないかと思われたかもしれない。しかし、当時の私は、まだ兵隊のことなど思ってもみなかったし、また、この幼虫に関して、兵隊説は駄目なのだ。私は、アルコール浸けにしてあったゴールの中に入っているアブラムシを、脱皮殻《だっぴがら》も含めてすべてプレパラート標本にして調べた。その中には、キチン板・長吻型幼虫の脱皮殻が一つ入っていた。ボタンヅルワタムシの兵隊とは違って、この奇妙な幼虫は脱皮するのである。

この二型の幼虫は私を魅了した。ボタンヅルワタムシの短吻型幼虫と同じくらい魅了した。ボタンヅルワタムシは北海道にはいない。しかし、この虫のほうは札幌周辺でも見つけることができる。そして、この考えは甘かったけれども、こちらの問題のほうが私にはやさしそうに思われた。決心をした。そうして、計画を練っていると、五月まではあっという間だった。

予想通りの行動

ドロオオタマワタムシは、決して普通の種ではない。むしろ珍らしい部類に属する。その上どういうわけかよくわからないが、彼らは、ドロノキの大木にゴールを作ることが多い。大木の梢《こずえ》では、ゴールを見つけても、指をくわえて眺めるだけだ。観察可能なゴールは、年に二〇個も見つけることができれば上首尾である。振り返ると、私は最初の年から幸運だったようだ。豊平川沿いの豊滝《とよたき》というところで数個、また昨年ゴールを採集した定山渓の奥の林でも、大木の下枝にいくつかのゴールができていた。

調査に先立って、まず私は、キチン板・長吻型《ちょうふんけい》の一令幼虫がゴール外で生活する型ではないかと考えた。というのは、この幼虫の背中にあるキチン板は、幹母《かんぼ》一令の持つキチン板に良く似ているのである。前に述べたように、幹母一令は、ゴールを形成する葉を求めて、ドロノキの枝上を歩き回らねばならない。実験的な証拠はないけれども、背中のキチン板は、幹母一令を乾燥から保護する役割をしているにちがいない。だからこそ、ゴールを形成して一回脱皮すると、キチン板は消失してしまうのだ。書き遅れたけれども、ドロオオタマワタムシのゴールは、初期には下面がゆるく閉じているものの、すき間があり、一令幼虫ならば楽に脱出できる。

奇妙な一令幼虫がゴール外へ脱出すると考えたもう一つの理由がある。一九七四年に採集したゴールのうち、この幼虫一匹のみを含んだゴールが二つ出てきたのだ。これは、決してこの幼虫がゴールを形成したということではない。ゴールの中には幹母の脱皮殻《だっぴがら》が残っていたから、ゴールを形成したのは幹母であり、その後、なんらかの原因で幹母は死亡したのだろう。一匹だけ子供を産んで死んだというのは、可能だけれどもありそうもないことである。とすれば、この二つのゴールの中のキチン板・長吻型一令幼虫は、他のゴールで生まれた放浪者が迷い込んだもの、と考えたほうが妥当であろう。

一九七五年五月三〇日、目をつけておいたゴールを調べにいったところ、いとも簡単に予測は当ってしまった。一つのゴールでは、早くも成虫になった幹母が産仔を開始しており、このゴールのできた葉の裏には、中肋《ちゅうろく》の上に三個体のキチン板・長吻型幼虫が一列に並んでいた。

初めて見る生きた彼らは、ドロノキの葉脈や葉柄など、緑色の部分に良く似た色彩をしている。これに対し、後に見ることができた普通の一令幼虫や二令以後の幼虫は黄色で、腹部背面のワックス・プレートに真白なワックスをくっつけているので容易に区別がつく。やはり、奇妙な一令幼虫はゴール外へ出る型だったのだ。以下、この型の幼虫を〝分散型〟幼虫と呼んだほうが良いだろう。

その後の観察で、分散型幼虫は、母ゴール（その幼虫が生まれたゴール）のついた葉からさらに分散して、ドロノキの葉柄や若枝、木化した枝などで吸汁することがわかった。こうなると、なぜ分散型幼虫が長い口吻《こうふん》を持っているのかの説明もつく。アブラムシは一般に、枝や茎で吸汁するもののほうが、葉で吸汁するものに比べ長い口針を持っている。枝や茎では、篩部《しぶ》に到達するためには長い口針が要るのである（ドロオオタマワタムシにおいても口針長は口吻の長さにほぼ等しい）。かくして、分散型幼虫の行動は、その形態にぴたりと一致した。

普通の一令幼虫の形態もまた、ゴール内の生活に適したものとなっている。彼らがワックス・プレートから分泌するワックスは、彼らを、べとべとした排泄物から守る。最近になって、私は面白い観察をした。このアブラムシの普通の一令幼虫や二令幼虫は（おそらく三令以後の幼虫もすると思うが）、片方または両方の後脚を使って自分の腹部背面をひっかくのだ。こうすることによって背中のワックスはゴール内に落ち、内壁は、つるつるとなる。半分いたずらでドロトサカワタムシの第二世代幼虫を入れてみたら、私達が氷の上を歩くように脚をすべらせていた。内壁をワックスでコーティングすることによって、甘露《かんろ》の流出を容易にしているものと思われる。ドロオオタマワタムシは、第三章で述べたドロエダタマワタムシのように甘露を小球状にはしない。そのまま外部にたれ流す。

出だしは好調である。予想通り私は、多数の分散型幼虫をゴール外で見つけることができた。彼らがゴール外へ出るわけも、簡単に説明できそうだ。

ゴール番号	アブラムシ数					
	幹母	第2世代アブラムシ	普通の1令幼虫	分散型1令幼虫	2令幼虫	3令幼虫
7401	1	336 (31)	217 (30)	50 (1)	69*	0
7402	1	303 (49)	182 (48)	9	111 (1)**	1
7403	0	1	0	1	0	0
7404	0	1	0	1	0	0
7405	0	0	0	0	0	0
7406	0	0	0	0	0	0

■図表52：1974年6月17日に採集したゴール内のアブラムシ。(　) 内の数字は脱皮殻を示す。 *) ワックス・プレートの発達の悪い2令幼虫3個体をふくむ。 **) ワックス・プレートの発達の悪い2令幼虫2個体をふくむ。

ゴールというのは、確かにその居住者に、豊富な良質の食物（汁液）を供給する。しかし、その反面、いったんヒラタアブのような捕食者の侵入を受ければ、すべてのアブラムシが食われてしまうかもしれない。ホロ・コーストを避けるために、子供の一部を条件は悪いけれどもゴール外で育てる——これは有望な戦略である。あるいは、余りにゴール内のアブラムシ数が増えれば、良くない結果になるのは当然だ。そうならないように、一部の子供には外で吸汁してもらおう。この酷な役割を演ずるのが、分散型幼虫ではないのか。

ただし、分散型幼虫の脱皮殻がゴール内から一つ見つかっているということを忘れてはいけない。だから、分散型幼虫がゴールを出るとはいっても、少くともその一部はゴールの中に残って脱皮するとの但し書きをつけねばなるまい。そして、肝心の分散型幼虫の運命はどうなるのだろうか。脱皮したら、どんな二令幼虫になるのだろうか。

もう一度、一九七四年に採集したサンプルに話を

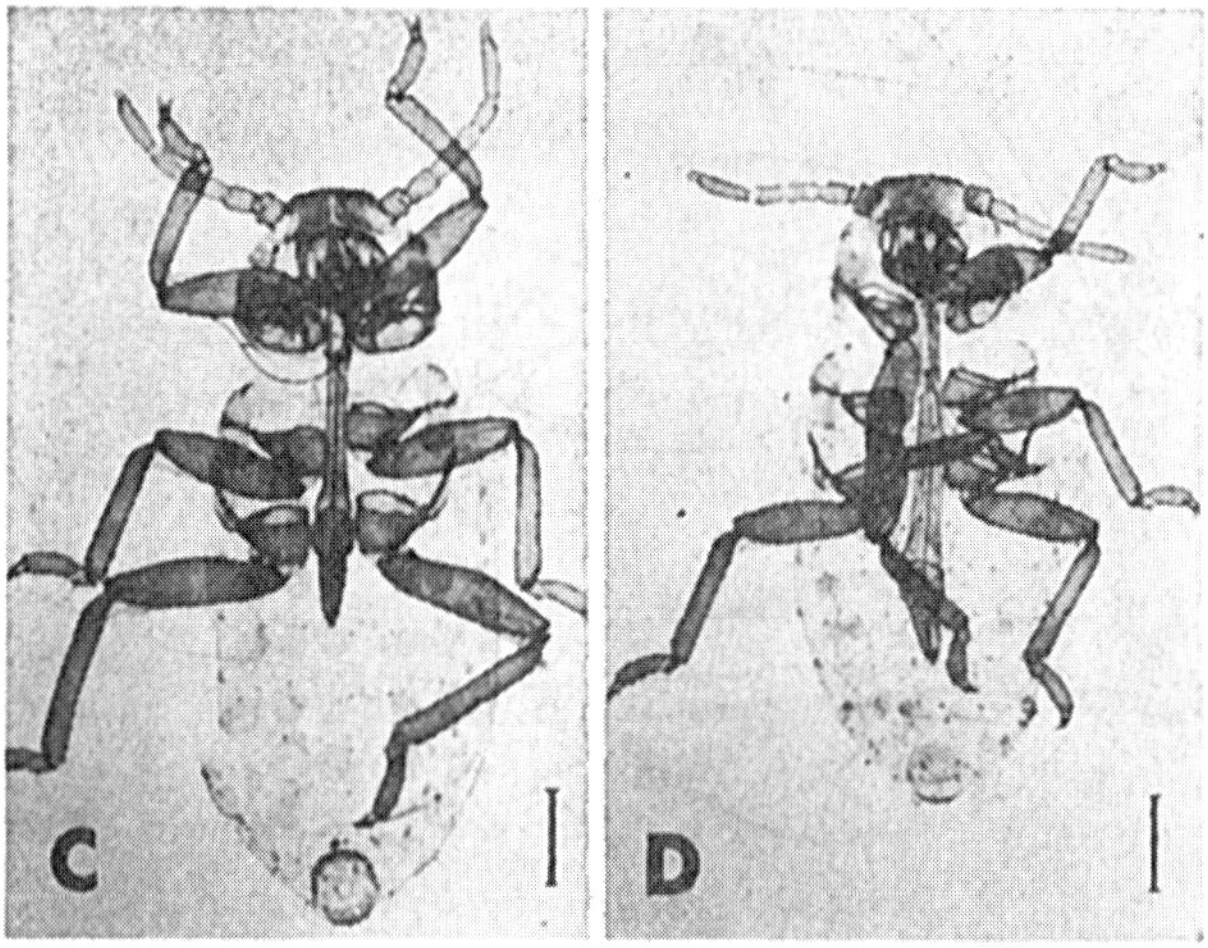

■図表53：普通の２令幼虫（C）と分散型幼虫由来の２令幼虫（D）。スケールは0.2㎜。

戻そう。図表52は、ゴールの構成メンバーをまとめたものである。このサンプルに含まれていた全個体について、形態をプレパラート標本にしてチェックしてある。本種のゴールは開放型であるため、脱皮殻の一部はゴール外へ落ちてしまうが、脱皮殻があるということは、その脱皮殻由来の個体がいるということだ。ゴール七四〇一からは分散型幼虫の脱皮殻が出てきたから、この中には分散型幼虫由来の二令幼虫が入っているに違いない。

よくよく調べてみると、普通の二令幼虫に混って、それとはわずかに形態の異なる二令幼虫が現われた。普通の二令幼虫（図表53—C）は普通の一令幼虫をそのまま大きくしたようなもので、口吻は相対的に短くなるが、ワックス・プレートはより発達する。ちょっと違った二令幼虫（図表53—D）というのは、普通の二令に比べて口吻がやや長く、ワックス・プレートの発達が悪い。これが分散型幼虫由来の二令幼虫であるとすれば、ぴったりである。

この考えは正しかった。後に、一九七八年になっ

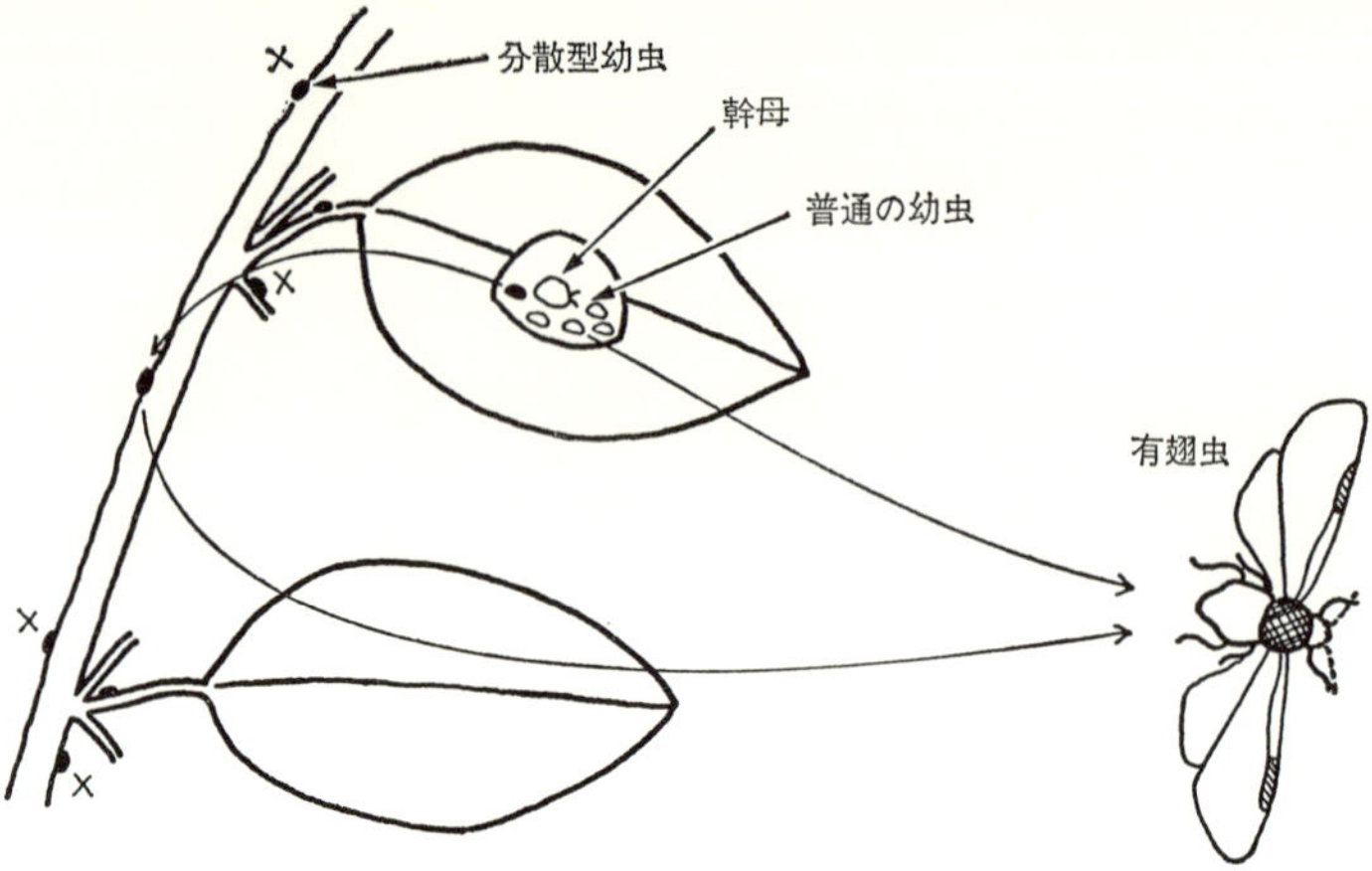

■図表54：分散型幼虫はゴール外で成長する？

て、脱皮途中の分散型幼虫を調べることによって私はこれを確認した。

ということは、一令期には形態の非常に異なる二種類の幼虫が、一度脱皮することによって互いに形態の似た二令幼虫に戻ってしまうことになる。第一章で私は、オランダのヒレ・リス・ランバースがツノアブラムシの一令期の二型に関して、このアイデアを出していたと述べた。結局、ツノアブラムシのカニムシ型一令幼虫は脱皮しない兵隊であって、彼の示唆ははずれたのであるけれど、そのようなことをするアブラムシが別の所から現われたのである。

分散型幼虫の二令以後はどうなるのだろうか。これは、やはり普通の二令と同じように、有翅虫《ゆうしちゅう》になると考えるしかないだろう（図表54）。無《む》翅虫《しちゅう》となってドロノキ上でもう一世代を繰返すという可能性も無論検討した。しかし、この種のゴールからは、幹母以外の無翅成虫は全く出てこないのだ。

ゴールから外に出た分散型幼虫は、ドロノキの葉柄や枝に口針を刺し込んで吸汁しているのだから、彼らはやがてそこで脱皮するものと私は考えていた。ドロノキの枝にはかなりの分散型幼虫がいる。もうしばらくすれば彼らは脱皮するのであり、分散型幼虫由来の二令幼虫が採れるはずだった。

ところが、そう簡単にはいかなかった。ゴール外の生活は、予想以上にきびしいようで、分散型幼虫はばたばたと死んでいるのだ。少くともこの死亡の一部は、ドロノキの上を機械仕掛けの玩具のように走り回る赤いダニの捕食によるものであった。分散型一令幼虫とその死体は見つかるのだが、分散型由来と思われる二令幼虫、あるいは分散型幼虫の脱皮殻は、いくらさがしても全く見つからなかった。

ゴール外での分散型幼虫の死亡率は、非常に高いのだ。私はこう考えた。だが、分散型幼虫というのは、そもそもこのアブラムシにとっていわば〝ボーナス〟みたいなものではないのか。たまたま生き残る個体がいれば、それだけで採算がとれるのだろう。一方、ゴールの住人のほうはどうかというと、こちらはヒラタアブの侵入をよく受ける。合計一〇個のゴールにナンバーをうち、放置してその後を追跡したところ、二個がヒラタアブによって、一匹の有翅虫も出さないうちに食い尽くされてしまった。調査ゴール数が少いのは、この〝珍虫〟に免じて許していただこう。

一年目としては成果はまずまずだった。分散型幼虫の意味も、ほとんど解けたも同然と思われた。

消えた幼虫

一九七六年の五月がやってきた。この年の私の目標ははっきりしていた。ゴール外での、分散型幼虫の脱皮・生長を確認することである。そして、できれば分散型幼虫由来の有翅虫《ゆうしちゅう》を採集し、本当に普通の一令幼虫由来の有翅虫と区別のつかない有翅虫になるのかどうかも押さえておきたい。

分散型幼虫のゴール外脱皮を確認するために、この年、私は次のような計画を立てた。前年度に分散型幼虫のゴール外脱皮が確認できなかったのは、捕食圧もさることながら、分散型幼虫が散らばってしまって発見が困難になったことにもよるだろう。実際、彼らが移動する時には、ドロノキの枝をかなりのスピードで歩行する。また、一番近いゴールから数メートル離れた位置で見つかったこともある。そこで、人為的に彼らがさほど散らばれないようにしてしまうのだ。

ゴールの付いている枝を見つけたら、その適当な部位にアルミ箔《はく》を巻き、その上にタングルフットを塗りつける。タングルフットとは、ハエ取紙の表面に塗られているような、べとべとした粘着物質だ。したがって、分散型幼虫はこの障壁《バリヤー》を越えることができず、行動範囲はこれより末端の枝のみに限られるはずである。こうすれば、彼らを容易に見つけることができよう。

この年も、手の届くドロノキの下枝に、いくつかのゴールが見つかった。私は鼻歌まじりで計画を実行に移した。成果は約束されているように思われた。

しかし日が経つにつれて、私は不安になってきた。昨年同様、分散型幼虫の脱皮殻も、分散型幼虫由来の二令幼虫も、一向に見つからないのだ。分散型幼虫の行動範囲を狭くし過ぎた枝では、少なからぬ数の彼らがタングルフットに付着して死んでしまっている。しかし、この処置だけが悪かったとも思えない。未処理のゴールの付近の枝を、私は草の根ならぬ木の葉を分けて分散型幼虫をさがした。彼らは、確かにいた。しかし、それは脱皮の気配すら見せぬ生きた一令か、何者かによって殺された死体であった。彼らもやがて、北国の速い季節の進行と共に、ドロノキから消えていった。

彼らはいったいどこへ行ってしまうのだろう。もはや私は、分散型幼虫の脱皮殻や二令幼虫をさがしているのではなかった。何をさがしているのかわからないまま、ドロノキを調べていた。当のゴールのほうは、どんどん大きくなっていった。中にはワックスをふいた幼虫がびっしりと詰り、その重さでゴールを付けた葉が垂れ下がる（口絵写真4）。さらに、アブラムシの数が増えると、一部はゴールの外側にまで現われた。

葉の先端からは甘露《かんろ》が流出し、その甘露を求めてマルハナバチやクロスズメバチがゴールからゴールへと飛びかっている。見上げれば青い空をバックにして、ステンドグラスのように透けたドロノキの葉の上に優雅なオオイチモンジがとまっている。この季節になると、ドロオオタマワタムシの第二世代は翅《はね》をつけ、二次寄主へ向ってゴールから飛び立っていく。もう、調査シーズンは終ってしまったのだ。

分散型幼虫に関して、この一九七六年は完全な敗北だった。しかし、もう一方のボタンヅルワタムシの短吻型《たんふんけい》幼虫の問題は、この年の後半に幸運にも解決した（第一章）。これによって私は自信をつけた。何年でも考えてやるぞという意気込みを持つことができた。

一つの手がかり

分散型一令幼虫がゴール外へ出る型であるということはまちがいない。実際、彼らはゴールから出てくるし、付近の葉柄や枝にくっついているのだ。そして、そこで彼らは確かに吸汁している。より正確には、そこで口針《こうしん》を植物体に挿入しているのが観察される、ということか。これもまちがいない。

問題は、このような場所で果たして彼らが脱皮・生長するかだ。しない、としか考えざるを得まい。ドロノキの幹から樹冠、あるいは根に移動しているのだとすれば、これはわからないが、少くとも下枝はくまなく調べたのだ。では、彼らはいったいどこへ行くのか。どこかへ行くとしても、なぜ、さっさと移動せずにドロノキの枝の上で吸汁したりしているのか。そして、さらに奇妙なことに私は気がついた。

ドロオオタマワタムシの幹母《かんぼ》は、どうやら、普通の一令幼虫を産むのに先立って、分散型一令幼虫を先に産む傾向があるようなのだ。まず普通の一令幼虫を産んでおいて、それから死亡率の高い分散型一令幼虫を産む――これが賢いやり方のように思われる。どうやらこの虫も、とてつもなく奇妙なことをやっているのかもしれない。

頭はますます混乱してきたけれども、ドロノキの根を掘り起こすことも、大木をチェーン・ソーで切り倒すことも、私は考えなかった。この虫の場合、一つの有望そうな手がかりがあった。それは、分散型幼虫が空のゴールに入るということである。

前に、一九七四年に得たサンプルに、一匹だけ分散型幼虫が入ったゴールが二つあったということを述べた（図表52、一五四ページ）。これは、幹母が何らかの原因で死亡した後のゴールに、分散型幼虫が侵入したものである。実は一九七五年の調査で、このような例がもう一つ見つかっていた。その年の六月一日に、私は中味のない、つまり幹母が死亡したゴールを見つけ、番号を打っておいた。ドロオオタマワタムシの初期のゴールは下面がゆるく閉じているが、葉の両側を手で引っぱればたやすく内部を見ることができる。三日後に再びこのゴールを調べると、中に二匹の分散型幼虫が入っていた。二二センチ離れた所に幹母を含んだゴールがあったから、たぶん、ここで生まれた個体であろう。

六月一一日には一匹に減っていたものの、この個体は、侵入先のゴールで脱皮して二令になった。残念ながら、この個体は二令で様子がおかしくなり（たぶんダニにやられたものと思う）、その死体

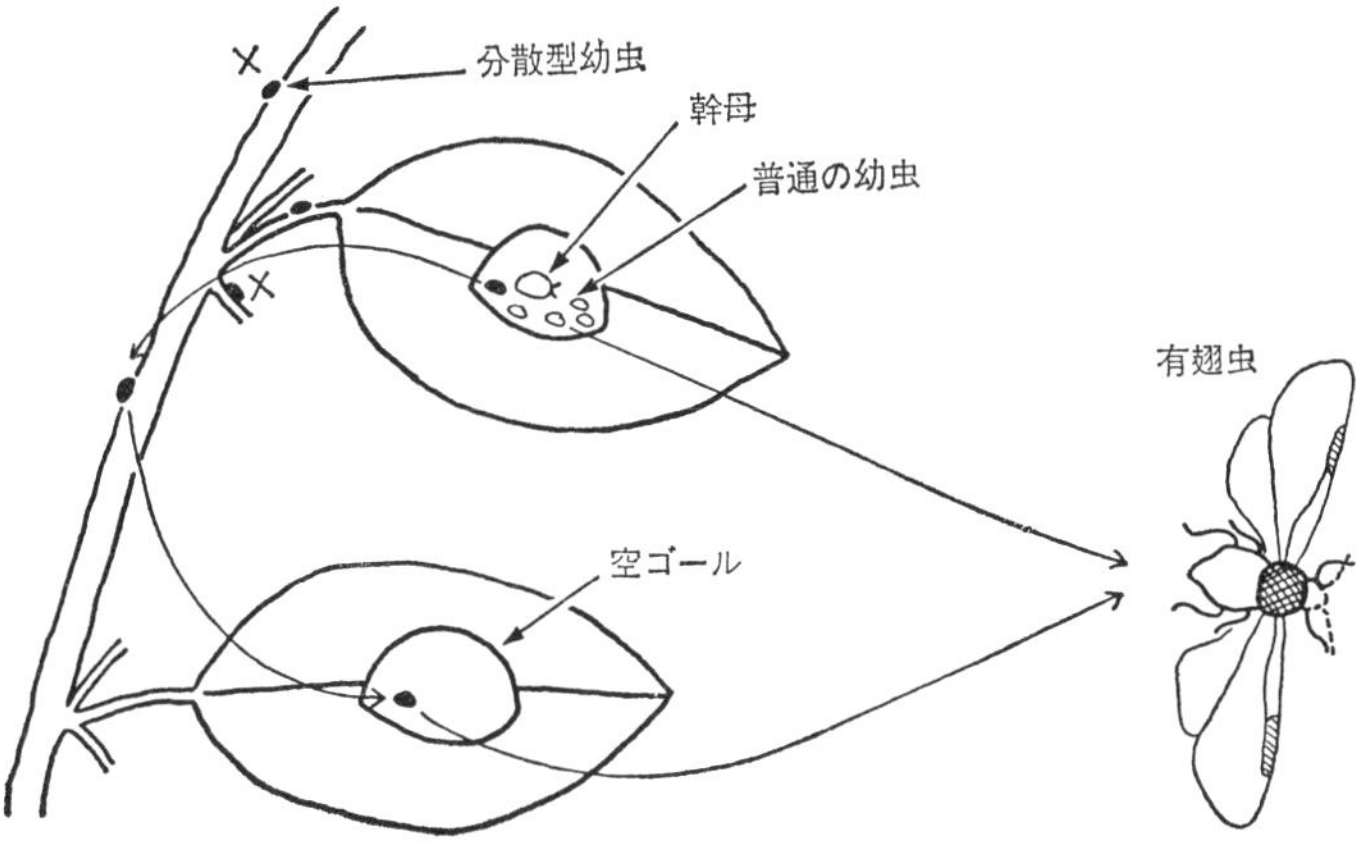

■図表55：分散型幼虫は空ゴールに侵入する？

も未練を残し過ぎて採らずにおいたために、アリによって運ばれたのか消えてしまった。

この、分散型幼虫の空ゴール（以後〝空ゴール〟とは、ゴールを創設した幹母が子供を産む前に死亡してしまったものを指すことにする）への侵入をさして気に止めなかったのは、侵入個体が少なかったこと、そして、空ゴールというものが余りに不確定な存在のように思われたためだ。

しかし、他がダメであるならば、残り物にしがみついても良いだろう。分散型一令幼虫は空ゴールに入り、そこで脱皮・生長して普通の一令幼虫由来の有翅虫《ゆうしちゅう》と区別できない有翅虫になる（図表55）。こんなところだ。せめて、空ゴールに侵入した分散型幼虫が無翅《むし》の成虫となり、そのゴールの中で子供を産んでくれるとしたら見込みがあるのだが……。ひょっとすると、混雑したゴールでは有翅虫になるけれども、過疎な空ゴールへ侵入した場合には無翅の成虫になるのかもしれない。一九七七年のシーズンになって、私は三つの計画を立てた。

まず第一の計画とは、二つ以上のゴールが近接して見つかった場合、そのうちの一つの幹母を除去してしまう。つまり、人為的に空ゴールを作って、どのくらいの分散型幼虫が入るか、そして、彼らが本当に有翅虫になるのかどうかを調べる。第二に、昨年気付いた奇妙な現象、すなわち幹母は分散型幼虫を先に産み、しばらくしてから普通の一令幼虫を産み始めるという現象が一般的なものかどうか確実に押さえておく。そして、第三の計画は個体追跡である。分散型幼虫がどこへ行くか良くわからないならば、一匹の後を徹底的に追いかけて、行き先をさぐってやろうと考えたのだ。

しかし、いざ仕事を始めると、この第三の計画は（少くとも私には）とても遂行できぬものであることがすぐにわかった。目の前にゴールがあり、ゴールから分散型幼虫がはい出てくる。これが中肋《ちゅうろく》に静止する。数一〇分後、ようやく葉柄に移動する。また数一〇分後、少しだけ動く。こんな調子なのだ。とても付き合っていられない。静止している間、何かしてくれれば暇つぶしにもなるが、唯一のレパートリーが植物体への口針の挿入では、観察者には耐え難い。目的地があるならばさっさと行けばよいのだ。道草はいかんと教えられなかったのだろうか。など、何やら説教じみた独り言が飛び出してくる。初日で、この計画は放棄した。

第二の計画はうまくいった。私は、観察可能な位置にできた一四個のゴールに番号札を付け、毎日とはいかなかったが少くとも中二日は間をあけないように、継続的にゴールの中味を調べた。その結果を図表56に示してある。

ゴールの中に幹母に加え、分散型幼虫が入っていた場合には〝m〟で、普通の一令幼虫が入っていた場合には〝n〟で、第二世代幼虫が何も入っていなかった場合は〝0〟で表わした。斜線は観察をサボった日である。

ゴール番号	1977年6月 4	5	6	7	8	9	10	11	12	13	14	15
7701	m	／	0	0	／	0	m	m, n	／	m, n	／	m?, n
7702	0	／	m	m	／	0	0	m	／	m, n	／	m?, n
7703	0	／	m	0	／	0	0	m, n	／	m, n	／	m?, n
7704	m	／	m	0	／	0	m	m	／	m, n	／	m?, n
7705	0	／	m	0	／	0	0	m	／	m, n	／	m, n
7706	m	／	m	0	／	m	m, n	m, n	／	m, n	／	m?, n
7707	0	／	m	0	／	0	0	m	／	m, n	／	m*
7708	0	／	0	0	／	0	m	m, n	／	m?, n	／	m?, n
7709	0	／	m	m	／	0	0	0	／	m	／	m?, n
7710	m	／	m	0	／	0	m	m	／	m, n	／	m?, n
7711	m	／	0	0	／	0	m	m	／	m, n	／	m, n
7712	m	／	0	m	／	m	m, n	m?, n	／	m?, n	／	m?, n
7713	m	／	m	m	／	m	m, n	m, n	／	m, n	／	m?, n
7714	m	／	m	0	／	m	m, n	m, n	／	m?, n	／	m?, n

■図表56：初期のゴール内のアブラムシの変化。*）幹母死亡。

この表からわかるように、各ゴールの幹母は、皆、まず分散型幼虫を産んでいる。この期間は七七〇八番のゴールを除けば、五〜八日間続いている。見い出した幼虫は除去したわけではないから、mの右に0があれば、そ(れら)の分散型幼虫はゴールから脱出したということになる。実際、普通の一令幼虫が出現するまでは、ゴールの中にアブラムシはたまらない。一三日や一五日のところで〃?〃が多いのは、ゴール内のアブラムシ数が増えてきたため、分散型幼虫の確認がしづらくなったからである。どのくらい遅くまで分散型幼虫が生産されるかは、後ほど別のデータで示すことにしよう。

第一の計画も何とかやり遂げることができた。私は六月六日に三個、九日に五個、そして一一日に一個、計九個のゴールから幹母を除去した。もちろん付近には、分散型幼虫を供給する未処理のゴールが残るようにした。

図表57を見ていただければわかるように、人為的に作った空ゴールにも、それほどの数ではないが予

ゴール番号	1977年6月 6	7	9	10	11	13	15	17	18	20	23	25
7715	×	m (1)	m (1)	m (1)	m (1)	m (1)	m (2)	m (2)	m (3)	m (5)	m, L_2 (6, 1)	? (13)
7716					×	0	0	0	n (1)	? (4)	0	0
7717	×	0	0	0	0	0	0	m (1)	m (1)	0	0	0
7718	×	0	0	0	0	0	0	n (1)	0	0	0	0
7719			×	m (1)	m (1)	m (2)	0	n (1)	n (1)	m, n (2, 1)	m, n (3, 1)	?
7720			×	0	0	0	n* (1)	0	0	0	0	0
7721			×	m (1)	m (1)	m (1)	m (1)	m (1)	m, n (8)	m, n, L_2 (10)	?	?
7722			×	0	0	0	0	0	m (2)	n (1)	m, n, L_2 (4)	?
7723			×	0	0	0	0	0	0	0	m (1)	m (1)

■図表57：空ゴールへの幼虫の侵入。×は幹母を取り除いた日を，(　) 内の数字はアブラムシ数を表わす。mは分散型幼虫，nは普通の1令幼虫，L_2は2令幼虫。*) この幼虫は取り除く。

想通り分散型幼虫の侵入が見られた。しかし、予期せぬ事も起った。普通の一令幼虫が生産される時期になると、彼らの一部もまた空ゴールに侵入したのである。

空ゴールに侵入した分散型幼虫は、再び消失するという奇妙なケースもあったが、そこで脱皮・生長していった。彼らは、やはり有翅虫になった。無翅成虫は現われなかった。

この年の実験では、普通の幼虫の侵入を考慮していなかったため、こうして得られた有翅虫が本当に分散型幼虫由来のものかどうか確信が持てなかった。しかし、翌年は確実な有翅虫を得ることができた。私は、四つの空ゴールを作り、そしてその中に分散型幼虫が入ったのを確認してから、枝にタングルフットを塗りつけて、通常の幼虫が侵入するのを防いだ。

中の分散型幼虫は順調に脱皮・生長し、七月一日には最初の有翅虫が羽化した。何匹かの有翅虫に逃げられるというへまをやりながらも、七月一八日までに結局五四の有翅虫を得ることができた。

さっそく私は、彼らをプレパラート標本にして、形態を調べた。一ゴールあたり少数で育ったためか、大型だったが、彼らは普通の一令幼虫由来の有翅虫とそっくりだった。私は両者を区別するような形態の違いを全く見つけることができなかった。最初の予想通り、あんなにも形態の違った二種類の一令幼虫が、生長するにしたがって同じ形態に収斂《しゅうれん》してしまうのだ。

これらの調査によって、重要だと思われるいくつかの点を確実に押さえることはできた。それでは、分散型幼虫は空ゴールに侵入し、そこで生長するように運命づけられた個体なのだろうか。確かにそういう個体がいることは、はっきりした。しかし、それがすべてなのだろうか。どうも腑《ふ》におちない。研究の当初に直感したように、空ゴールでの発育は副次的なもので、やはり彼らの主力はどこか他の場所で発育するのではないだろうか。結局、問題は元に戻ってしまう。彼らはどこにいくのだろうか。

依然として私にはわからなかった。他種のアブラムシのゴールに入るのではないかとも考えてみた。しかし、同じ木で見い出されたワタムシは四種類で、そのうち、侵入できそうなゴールを作るのはドロトサカワタムシとドロエダタマワタムシの二種である。これらのゴールを割って調べてみたが、彼らは見つからなかった。ドロトサカワタムシについては、中味を取り除いて、むりやり分散型幼虫を押し込んだこともある。しかし、この幼虫も逃げ出してしまった。

新しい仮説

新しいアイデアがどのようにして生まれたのかを思い出すのは難しい。研究者の第一の関心は、そのアイデアが当っているかどうかであって、そのアイデアをどのように思いついたかではない。成功したアイデアならば、後からその起源を知りたくもなろうが、ゴミ箱に捨てられるようなものであれば、その起源についてなど誰も関心を示すまい。

　思考の堂々巡りを繰返しているうちに、突然私は〝これだ〟というアイデアに思い当った。仮に、分散型幼虫がドロトサカワタムシという別の種のゴール内に侵入し、そしてこのゴール内のアブラムシが使うべき限られた資源（たとえば食物）を横取りして生長するならば、これは部分的な種間寄生と見なすことができる。ドロオオタマワタムシの幹母《かんぼ》は、自分の子供の一部には自分で作ったゴール内の資源を利用させる一方、子供一人当りの食いぶちが減らないように、残りの子供（分散型幼虫）を他種のゴールに送りこむ。彼らには、そこで餌をとれというわけだ。幹母が十分な数の子を産めて、かつゴール内の資源が限られているとすれば、たとえ分散の過程で分散型幼虫の多くが死ぬとしても（少くともそのうちの一部が生き残るならば）この戦略は採算がとれるだろう。

　別の、くどいが正確な言回しをすると次のようになる。仮に、どのドロオオタマワタムシのゴールも、その中の第二世代幼虫に、全部で一〇〇点の量の資源を供給するとしてみよう。とすれば、分散型幼虫を全く出さない幹母の子供達の得る資源は合計一〇〇点である。一方、子供の一部をドロトサカワタムシのゴールの中に送り込む幹母の子供達は、自分のゴールに残留した個体が一〇〇点を得、そして運良くドロトサカワタムシのゴールに侵入できた分散型幼虫が、ここから例えば一〇点分の資源を奪えば、合計一一〇点を獲得できる。だから、プラス一〇点の〝ボーナス〟を得る後者は前者よりも有利なのである。

　ドロトサカワタムシのゴールへの分散型幼虫の侵入は、実際には観察されなかった。しかし、右の説明のドロトサカワタムシを別の種で置き換えても同様の議論は成り立つはずだ。分散型幼虫が、ドロオオタマワタムシのゴールに侵入するとしたらどうであろう。ドロオオタマワタムシとは、無論、当の分散型幼虫を生産する種である。

つまり、彼らは種内寄生をやっているということになる。

ドロオオタマワタムシの祖先は、分散型幼虫など全く出さなかったとしてみよう。すると、先ほどと同じ仮定を採用すれば、彼らの第二世代の得る資源の総量は、どのゴールについても一〇〇点である。この祖先集団の中に、分散型幼虫を出す幹母が突然変異によって生じたとする。ただし、このゴールで生産された分散型幼虫は、他種のゴールに入るのではなくて、同種の他のゴールに入るのだ。そして、そこで栄養を摂取して生長する。先ほどの異種に寄生する場合と全く同じ理屈で、分散型幼虫を出す幹母は出さない幹母より有利である。すなわち、後者の得る得点はほぼ一〇〇点*であるのに対し、（この場合も同じく分散型幼虫が一〇点を得るとすれば）前者は一一〇点を稼ぐことができるからだ。

この進化的結末はどうなるのか。自然選択は分散型幼虫を出す幹母に有利に働き、出さない幹母をこの種から駆逐してしまう。かくして、ドロオオタマワタムシの幹母はみな分散型幼虫を出しているのだ（図表58）。

これは、直感的には甚だ奇妙な現象である。この仮説の論理構造を明確にするために、すべての幹母が同じ割合で分散型幼虫を出していると仮定してみよう。そして、どのゴールも第二世代に供給する資源の量は一〇〇点、一つのゴールから出た分散型幼虫が他のゴールから得る資源の合計を一〇点、他のゴールで生まれた分散型幼虫が侵入することによって一つのゴールから奪われる資源の量を x 点

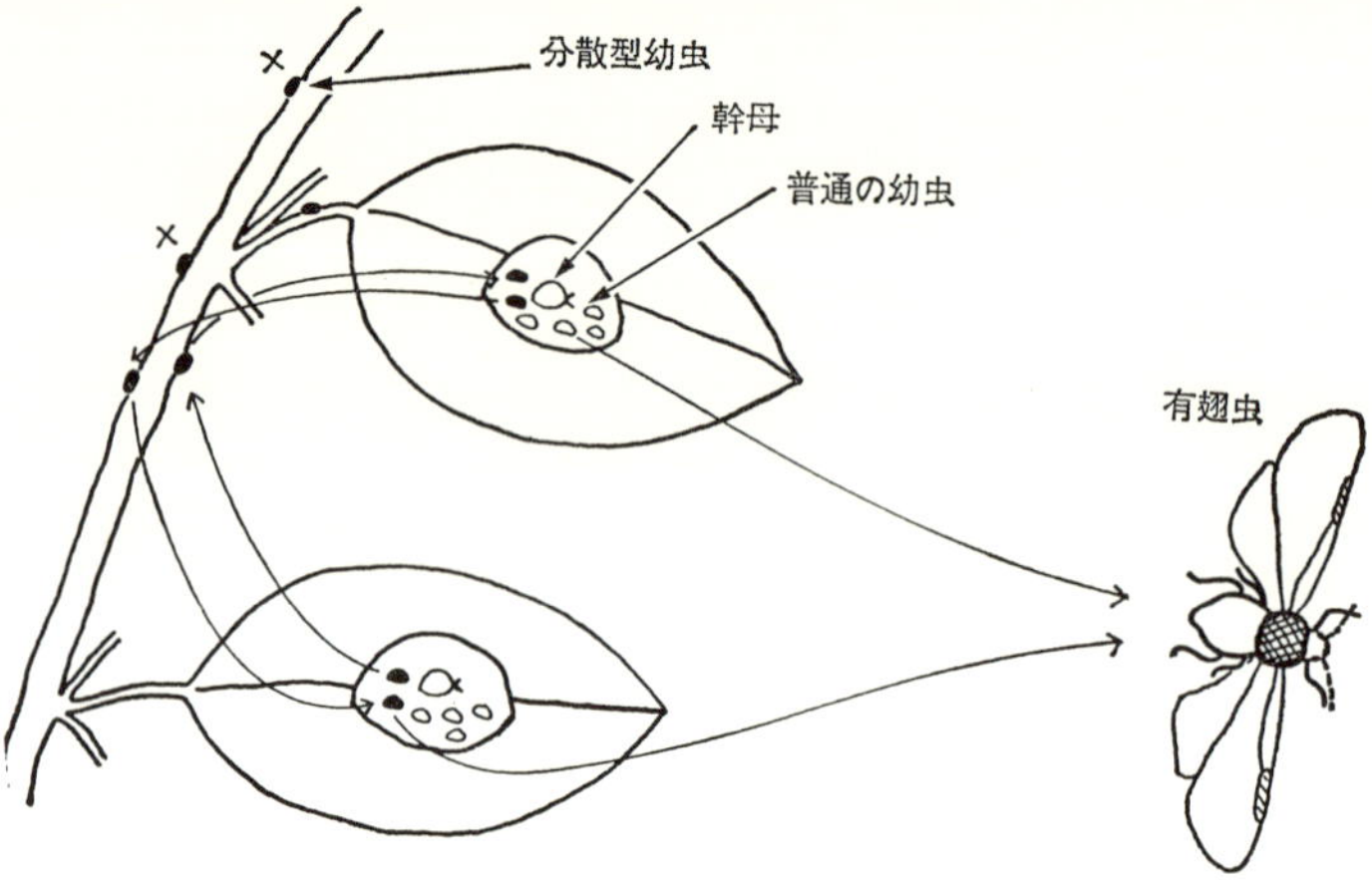

■図表58：分散型幼虫は同種のゴールに侵入する？

としよう。

すると、どの幹母も、その子供の得る資源の量は合計110－x点である。こんな風な言回しをしなくとも明らかだと叱られるかもしれないが、すべての幹母が同じ戦略を採っていると最初に仮定したのだから、各幹母の子供の得る資源量は一〇〇点、すなわち x =10 である。ということは、単に各幹母は、自分の子供の一部を他人の子供と交換しているだけなのだ。こんなことのために、わざわざ分散型幼虫は危険な旅に出るのである。

では、こんな馬鹿なことをなぜやめないのか。ドロオオタマワタムシにとって、何も良いことなどないではないか。

その理由は、やめると損なのだ。正確に言えば、分散個体を出さないような突然変異が生じたとしても、それはこの種の中に広まらないのである。つまり、他のゴールがみな分散型幼虫を出しているという状況で分散型幼虫を出さないということは、プラス一〇点を放棄するということであり、一方的に他のゴールからの侵入を被るだけで、九〇点しか得ることができなくなる。

ある性質が進化するためには、その性質を支配している遺伝子が増えるか減るかが問題なのであって、その性質が種全体にとって有利であるか不利であるかには無関係である。

マーキング

もし、この私の仮説が正しいとすれば、分散型幼虫の行先は同種の他のゴールなのだ。一九七四年のサンプルにおいて、順調に発達したゴールの中から一個の分散型幼虫の脱皮殻《だっぴがら》が出てきたことがあった。振り返ってみれば、このことからまさにアド・ホックに、すべての分散型幼虫がゴール外に出るわけではないのだと考えてしまった。だが、この分散型幼虫が他のゴールからの侵入者であると考えれば、実に話は美しい。

こうなってみると、問題はどうやって分散型幼虫の同種ゴール侵入を確認するかである。こういう時の常套手段はマーキングであろう。すなわち、何らかの方法で、ゴール外に出た分散型幼虫に印をつける。そして、その印のついた幼虫（あるいはその脱皮殻）が順調に発育したゴールの中から出てくれば良いわけだ。しかし、何せ相手は一ミリにも満たない虫である。どうやったら、うまく印をつけることができるだろうか。

記すのも恥ずかしい馬鹿げたアイデアをいろいろ試してみた末に、うまくいくかどうか自信はなかったが、結局私は、速乾性の絵の具を塗りつけることにした。当時、アシナガバチをマーキングするために使っていた〝ペンテルホワイト〟という油溶性の白い絵の具に、赤いマジックインクを混ぜて目立つようなピンク色にする。そして、マッチの軸に微針《びしん》と呼ばれる細い昆虫針を取りつけて、この針の尖っていない側を使ってアブラムシに絵の具を付着させるという計画だ。こんな小さな虫に、しかも野外でマーキングをしようというのは、私ぐらいのものだろう。

一九七八年のシーズンに、私はマーキング計画を実行に移すことにした。まずは場所である。定山《じょうざん》渓《けい》の奥にある私のフィールドには、ドロノキの〝御神木〟があった。このドロノキは、川の流れによって削られた川岸から根を半分ほど露出させ、高々と斜めにその太い幹を突き出している。毎年どういうわけか、このドロノキにはドロオオタマワタムシのゴールがよくできる。そのため、そう遠くない将来倒れる運命にあるこの老樹は、私にとっての御神木なのである。

この年は当りが良かった。御神木の手の届く一本の枝に、一八個のゴールができていた。私は、ためらわずこの枝を選んだ。

マーキングは六月三日から開始した。まず、当の枝を洗濯用のヒモでしばって、できるだけマークがやり易い位置まで引き寄せる。そして、いよいよ微針の先端に絵の具をつけてマークにかかる。ゴール外に出ている分散型幼虫に、えいっと針で触れるのだ。最初はなかなかうまくいかなかった。アブラムシをつぶしてしまったり、アブラムシのほうが針にくっついてしきてしまう。しかし、できるだけ多くの幼虫にマークしたいとはいえ、百パーセント成功しなくとも良いのだから気は楽だ。慣れてくるにつれ、適当な絵の具の量や粘度もわかるようになり、きれいなピンクの点がつくようになった。六月一八日までに、ゴール外に出ていた一六七個体の分散型幼虫にマークすることができた。

この作業の一方で、私はこの枝を毎日徹底的に調べて、捕食者を見つけ次第とりのぞいた。この枝のつけ根にはタングルフットを塗ってはあるが、それでもどこから来るのか、ダニやヒメカゲロウの幼虫が枝の上を歩いていたりする。そして、ヒラタアブの白い卵は、必ずと言ってよいくらい毎日見

ゴール番号	採集日	第2世代アブラムシ数	分散型幼虫数（%）	マークした分散型幼虫数	マークした分散型幼虫の脱皮殻数
7801	6月12日	94	18（19%）	0	0
7802	6月16日	310	50（16）	4	0
7803	6月17日	271	41（15）	5	0
7804	6月18日	257	32（12）	2	0
7805	6月18日	497	43（9）	3	1
7806	6月19日	414	75（18）	4	3
7807	6月19日	601	21（3）	1	0
7808	6月20日	284	31（11）	2	1
7809	6月20日	631	48（8）	2	1
7810	6月21日	425	39（9）	1	0
7811	6月21日	603	29（5）	0	0
7812	6月21日	1228	29（2）	0	1
合計				24	7

■図表59：ゴール外でマークした分散型幼虫の順調に発達した同種ゴールへの侵入。

つかった。マークした分散型幼虫のゴール外での死亡率が余りに高ければ、計画に支障をきたしてしまう。また、せっかくゴール内に入った分散型幼虫が、ヒラタアブに食べられては何もならない。

残った問題は、いつゴールを回収するかということである。印をつけた分散型幼虫は、ゴールの中に侵入し、そこで脱皮するはずだ。この脱皮殻がいつまでも残っていてくれればよいのだが、そうはいかない。ドロオオタマワタムシのゴールは開放型であり、脱皮殻は、いずれ甘露《かんろ》と一緒に流出してしまう。当面の課題は、ゴール外でマークした個体が順調に発達したゴールへ侵入するのを確認することであるから、適当なところで徐々にゴールを取っていくことにした。

六月一〇日に、まずゴール七八〇一の内部に最初のピンク印のついた分散型幼虫が見つかった。ところが、六月一二日にこのゴールを採集して室内で中味を調べてみたが、どこにもマーク個体がいないのだ。脱皮してその脱皮殻がなくなったにしては早過ぎる。どうやらまた出ていってしまったらしい。

しかし、続いて他のゴールからもマーク個体は次々に見つかり、六月一八日に採集したゴール七八〇五からは、ついにマーク個体の脱皮殻が現われた。一度ゴール外に出た分散型幼虫が同種のゴールに侵入すること、そしてそこで脱皮・生長することが確認されたのである。

図表59に結果をまとめたが、最後のゴールを回収した六月二一日までに、二四のマーク個体、七つのマーク個体の脱皮殻が計一二個のゴールの中から見つかった。捕食者をできるだけ除去したとはいえ、脱皮殻が必ずしも残らないことを考えると、一八・七パーセント（31/167）の回収率はかなり高い数値ではないかと思う。

研究を始めてから四年目にして、ようやく謎が解けたという気がした。

嬉しかった手紙

この年の秋に開かれた昆虫学会の大会で、私は、分散型幼虫のゴール間移動を発表した。しかし、私の考えを十分理解してもらえたとは思えなかった。一九七八年になっても、まだ日本の研究者の多くは、生物の持っている形質はその〝種にとって有利〟であるはずだという仮説にどっぷりとつかっており、社会生物学などどこ吹く風であった。その一方で、時代遅れの実証主義的規範を携えて、仮説メーカーを笑っていたのである。『アニマ』という雑誌に載った匿名の学会印象記には、「視点の新しい」講演は「ほとんどなかった」と書いてあった。

またこの年に、私はこれまでの結果を論文にまとめた。この論文は翌年の秋に印刷になった。嬉しかったことには、A・F・G・ディクソン、ロバート・トリヴァース、ウィリアム・ハミルトンの三人が、感激したとの手紙をくれた。これは何ものにも増して私を勇気づけた。この時には、もう私はドクター・コースの五年目を終える年であった。O・D《オーバードクター》の何たるかを知っておられる方には、当時の私の気持ちはわかっていただけることと思う。

ハミルトンからの手紙は学問的にも刺激的なコメントを含んでおり、私にこの問題をさらに突っ込んで考えるきっかけを与えてくれた。これについて述べる前に、他種における類似の現象にふれておこう。

ポプラエタマワタムシのゴール間移動

ドロオオタマワタムシのゴール外でマークした分散型幼虫が再びゴールの中で見つかったといっても、厳密には、分散型幼虫が母ゴール（自分の生まれたゴール）へ戻っているのだという可能性を除去できてはいない。無論そんなことはありそうもないのだが、そうであれば私の説は反駁されてしまう。これを調べるのが難かしいのだ。

そのためには、個体識別のできるようなマーキングをしなければならないし、そもそもゴール外に出ている分散型幼虫がどのゴール由来の個体か、およその見当はついたにしても確実にはわからない。ところが一九八〇年に、他の種で、幼虫が確かにゴール間を移動し、混り合うという現象が見つかった。これは私にとって嬉しいニュースであった。私の説が正しければ、当然同じようなことをやっている種がいても良いはずだ。発見したのはアメリカのR・W・セッツァーで、日本のドロエダタマワタムシと同属の *Pemphigus populitransversus* というアブラムシである。

このアブラムシは、ポプラの仲間（*Populus sargentii*, *P. deltoides*）の葉柄にゴールを形成する。

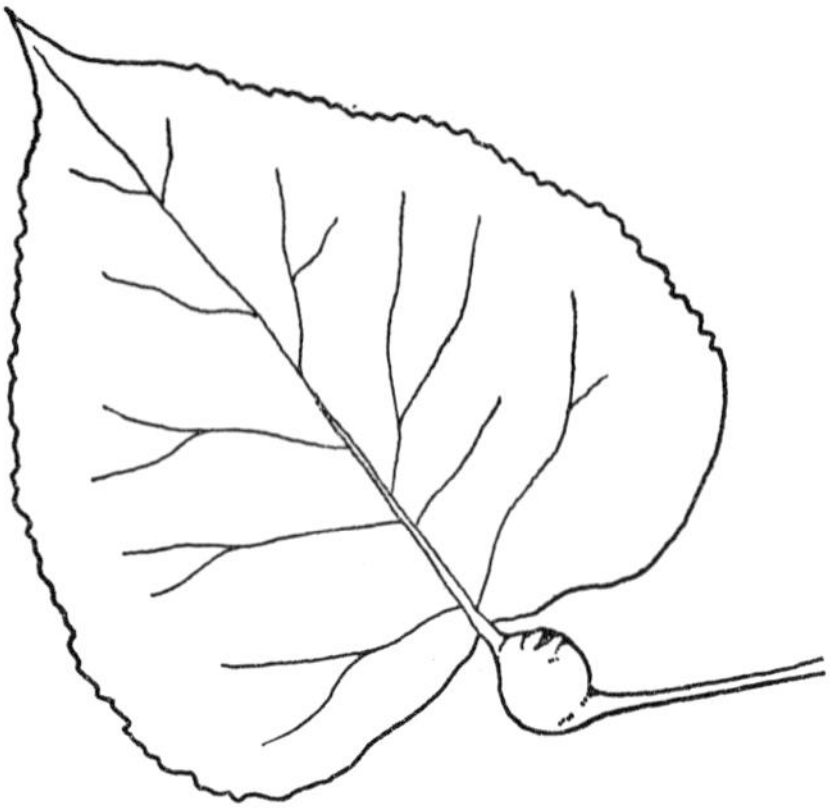

■図表60：ポプラエタマワタムシのゴール(Hottes & Frison, 1931, の写真より描く)。

そんなわけで、ここではポプラエタマワタムシなる仮称を使うことにしよう。

ポプラエタマワタムシの生活環も、これまで述べてきたドロノキのワタムシ類と基本的には同じである。幹母《かんぼ》が一匹で一個のゴールを作り、その中で子供を産む。これらの第二世代はゴールの中でのみ生育が可能で、生長すればみな有翅《ゆうし》型となって二次寄主(アブラナ科植物の根)へ飛んで行く。この種のゴールは完全に閉じているわけではなく、先端が最初から小さく開口している(図表60)。こんな小さな開口部を持つ種でさえ幼虫がゴール間移動をしていたとは、さすがに驚いた。

セッツァーは、電気泳動法を使って、ゴール内の幹母と第二世代の遺伝子型に差違がないかどうかを調べた。幹母は単為生殖をするから、幹母の遺伝子型は正確にコピーされることになり、幹母とその子供である第二世代の間には、泳動パターンに差は出ないはずである。[**]

ところが、予期に反して(?)、差が現われた。

一つのゴールの中から、幹母とは違う泳動パターンを示す第二世代が出てきたのである。ニューヨークのハムリン・タウンで得たサンプルでは、調査した三六のゴールのすべてが、幹母とは異なった泳動パターンを示す第二世代を含んでおり、このような個体の割合は、彼の調べた第二世代アブラムシの一七・五パーセントにも達した。

セッツァーは、これを、他のゴールから幼虫が侵入したのだと考えた。そして、いくつかのゴールにモスリンの袋をかけてアブラムシ幼虫の侵入を防ぎ、このようなゴールでは幹母と第二世代との間に泳動パターンに差がないことを示すことによって、幼虫のゴール間移動を疑いのないものにした。また、*Pemphigus populicaulis* というもう一種のアブラムシにおいても、ゴール間移動が生じているという。

セッツァーは、ドロオオタマワタムシの分散型幼虫についての私の論文を引用してくれたのだけれども、彼がゴール間移動の現象に与えた説明は私の種内寄生説とは異なっていた。

彼によれば、ポプラエタマワタムシのゴールは、ハナカメムシやヒラタアブなど捕食者の侵入を受けることが多い（これはドロオオタマワタムシでも同様である）。このような、アブラムシにとって〃予測不能な〃環境では、分散個体を出す幹母が有利に選択されるという。自分の子供を一つのゴールに固めるよりは、各ゴールに散らしておいたほうが安全というわけだ。

しかし、この説明には納得がいかない。どのゴールが捕食者の侵入を受けるか予測がつかないのであれば、子供を一箇所にまとめようが、散らしておこうが、生き残る子供の期待値に差は生じないはずである。これはルーレットで、ある一定のチップを一箇所にまとめて賭けるか、数箇所に散らして賭けるかの違いにすぎない。したがって、幼虫がゴール間を移動する時にリスクがかかるならば（これは極めてありそうなことである)、このような理由でゴール間移動が進化するとはほとんど考えられないことと思う。

ところで、ポプラエタマワタムシのゴール間移動を行なう幼虫は、ドロオオタマワタムシの分散型幼虫のように特別な形態をした幼虫なのだろうか?

セッツァーは、このことについては明記していない。私は、特別な幼虫は出さないのではないかと考えている。というのは、このアブラムシはニューヨーク州立大学のR・ソーカル一派によっていろいろ細かく調べられているが、幼虫に二型があるという話など聞いたことがないからだ。おそらく、幼虫が単型であって、かつその幼虫(の一部)がゴール間を移動する種ということになるのだろう。

このような種が存在すること自体は、私の説に不都合ではない。第二章では、兵隊を生産するツノアブラムシの前段階として、単型の攻撃性のある幼虫を持った種を仮定した。ドロオオタマワタムシの場合も、分散型幼虫の起源を考えるならば、やはり同じような仮定を設けねばなるまい。とすれば、ポプラエタマワタムシは、この前段階に対応する現存種ということになろう。

ハミルトン=メイの分散モデル

一九七九年の晩秋、ウィリアム・ハミルトンから一通の手紙が届いた。封を開けると、私が送ったドロオオタマワタムシの論文について、コメントが記されていた。このアブラムシのゴール間移動が、彼がロバート・メイと共同で作った分散モデルに合うというのだ。そして、彼らが一九七七年に発表した論文のコピーが同封されていた。

論文のタイトルは、「安定な生息場所における分散」であった。分散は不安定な生息場所において生じ易い、というのが一般的な通念であろう。しかし、理論的には、安定な生息場所においても分散が起こりうるというのが彼らの主張である。

もう一つ、個体レベルに働く自然選択の観点からは、分散という行動が進化するためには、分散個体の適応度が、分散せずに残留した場合の適応度と同じか、それより大きくなければならない。彼らは、この条件が満たされなくても分散が進化するようなモデルを作ったのである。

単為生殖をする次のような生物を考えてみよう。この生物は、ある決まった数、n個の安定した（つまり長期間変わらずに存続する）生息場所に一個体ずつ居住しているとする。各生息場所には一個体より多くの成虫は住めない。そして、この生物はある一定の時期になると、それぞれm個体の子供を生産して死ぬ。この子世代の分散率をvとする。すなわち、mv個体は分散するようにプログラムされており、残りの$m(1-v)$は自分の生まれた生息場所にとどまる。vの値を決定するのは母親の遺伝子型であるとする。母親が死ぬとmvの個体は分散して他の生息場所へ侵入し、各個体は分散途上で$1-p$の確率で死亡を被るとする（$0<p<1$）。

各生息場所に侵入した分散個体は、そこに残っていた個体と共にその生息場所の所有権をめぐって争う。この戦いでは、残留個体も侵入個体も等しく勝つチャンスを有する。すなわち次世代を産む母親は、分散終了後の各生息場所においてランダムに一個体選択されるとする。このような状況において、自分の子供をどのくらいの割合で残留させ、どのくらいの割合で分散させる戦略が最も多くの生息場所を得るチャンスがあるだろうか？

図表61のような、a〜hの八つの生息場所を含んだ環境を考えてみよう。これらの生息場所は、すべて居住者で満たされており、空いているものはないとする。おのおのの生息場所の母親は五個体の

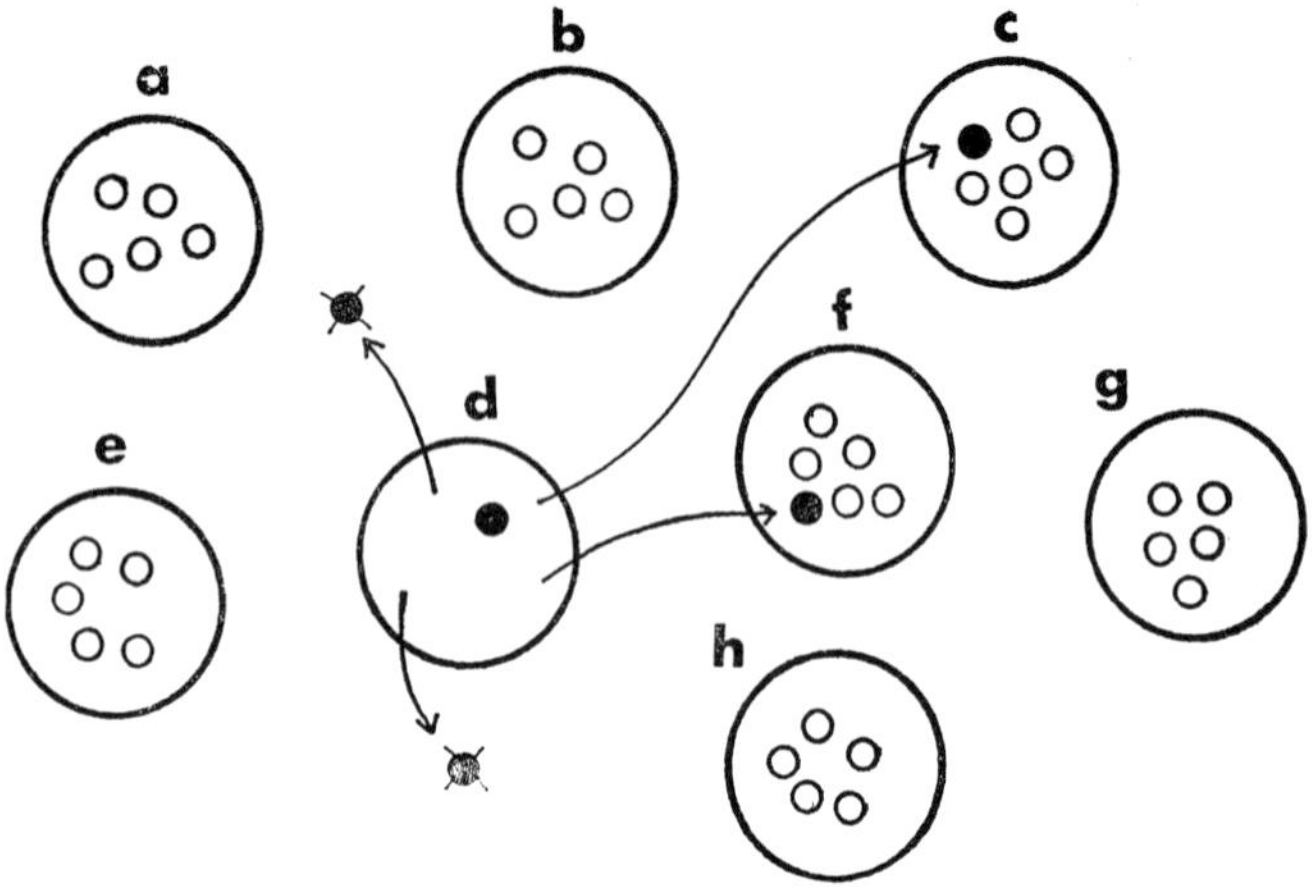

■図表61：白の戦略と黒の戦略。

子供を産む（$m=5$）。

ここで、七つの生息場所の母親は〝白〟の戦略を採っていると仮定する。この戦略は分散個体を全く出さない（すなわち$v=0$）。一つの生息場所dの母親は〝黒〟の戦略を採るとする。この戦略は一個体の子供のみを自分の生息場所に残し、他の四個体を分散させるとする（$v=4/5$）。

図のように、分散途上で二個体が死んだとしても（$p=1/2$）、残りの二個体がc、fに侵入すれば、これらの生息場所に侵入した黒の分散個体は、それぞれ1/6の確率でその生息場所を勝ち取れる。したがって、白の戦略と黒の戦略の二種類の戦略しか可能でないとすれば、やがて黒の戦略は白の戦略を排除し、集団中に固定してしまうであろう。こうなると、各生息場所を占めた黒の戦略を採る母親は、単に自分の子供を他人の子供とトレードしているだけのことになるが、結果として分散が観察されることになる。

ただし、この黒の戦略$v=4/5$は、〝進化的に安定な戦略〟（ESS）ではない。つまり、黒の戦略が固定した後に別のvの値を採る突然変異個体が生ずれば、これによって黒の戦略は置き換えられてしまう可能性がある。生息場所数nが十分大きい時、ESSとなる分散率は、$v^*=1/(2-p)$という式で与えられる。すなわち図表61のような状況（$p=1/2$）では、生息場所数を増やせば$v=2/3$がESSとなり、他のどんな分散率を採る突然変異個体が生じたとしても、それによって置き換えられることはない。

この式の証明は『生物科学』三二巻三号（一九八〇年）の論文に記しておいたので、興味のある方はそちらを参照していただきたい（ただし、そこで私が与えた証明は煩雑で、もっと単純に導くことができる）。この式の意味するところは、pが0に近くとも、少くとも子供の半分を分散させる戦略がESSになるということである。言い換えれば、分散途上の死亡率がいかに高くとも分散個体は出てくるのだ。

ハミルトンとメイは、このエレガントではあるが明らかに極度に単純化したモデルを、実在する生物に合わせるように作ったのではない。むしろ前述したように、安定な環境においても、そして分散個体の適応度が残留個体の適応度より低くても（すべての母親が同じ戦略を採っている状況では、分散個体の適応度は残留個体の適応度にpを乗じたものとなる）、ある条件のもとでは分散が進化するということを明示しようとしたのである。そして続いて彼らは、単為生殖を有性生殖で置き換えたり、空いている生息場所を作ったりして、モデルをより現実的に、複雑に変形していった。

しかし、それでもハミルトンらは、彼らのモデルに合うような適当な生物を例示することができなかった。出芽《しゅつが》細菌の一種 *Caulobacter crescentus* が無性的に分裂すると、一方は有柄の固着性の細胞になり、もう一方は自動力のある細胞になること。有名なレミングの移動。そして、ヴィクトリア朝時代の家族の次男坊、三男坊が軍隊に入ったり、オーストラリアに移民したりしたこと。彼ら自身、これらは実例というよりはむしろジョークのようなものだと自嘲（？）している。

ところが、アブラムシのゴール間移動は、彼らの最も単純な最初のモデル、本書で紹介したモデルに良く合うのだ。生息場所をゴール、母親を幹母《かんぼ》、分散する子供を第二世代と考えてみよう。ハミルトン＝メイのモデルでは、分散個体が他の生息場所に侵入し、その生息場所の所有権をめぐって一匹が残るまで争うことになっている。

これに対し、アブラムシの場合は、ゴール侵入個体はそのゴールの資源を分割する形で争うと考えればよい。すなわち、分散終了後のある生息場所（ゴール）の居住者数をkとすれば、彼らのモデルでは一匹の個体が$1/k$の確率でその生息場所を得、次代の子供を産む唯一の母親となるが、アブラムシの場合は各個体がゴールの資源（例えば食物）の$1/k$を得ると考えるのだ。ハミルトン＝メイのモデルでは、一匹の母親から始まる生活史を反復させるために、一匹のみが生き残るという無理な仮定を採らざるを得なかった。だがアブラムシの場合は、寄主転換をするため、資源を分割して複数の子世代が生き残っても、翌年のゴールはまた新たな一匹の幹母から始めることができる。

そして、これはハミルトンにとっても意外だったろうが、生息場所が長期間続くという意味で〝安定〟である必要すらない。毎年、一匹の幹母で始まるゴールが複数個できればそれでよいのだ。ゴール内のコロニーがしばしば捕食者にやられるというならば、分散個体の生存率pは、ゴール残留個体の生存率に対する相対生存率と考えればよい。こうしてみると、ハミルトン＝メイの分散モデルは、あたかもアブラムシのゴール間移動の説明のためにつくられていたかのように思えてくる。[***]

ハミルトンの手紙には、さらに次のようなアフォリズムが書かれていた。「家に留まって親・兄弟に協力せよ、家を離れて他人と争え」――これが生物の〝モラル〟である、と。

見方を変えれば、彼は血縁選択による利他的分散のモデルを作ったのである。分散個体は残留個体よりも個体レベルでは不利であるのだけれども、分散することによって血縁者たる残留個体の適応度を高め（ロべらし）、自らの包括適応度を高めているのだ。

この〝モラル〟の前半部がアブラムシの兵隊に対応するとすれば、後半部はまさにドロオオタマワタムシの分散型幼虫に対応する。包括適応度の思考法に慣れている読者には、幹母が仮に有性生殖をして子供を産むとすれば（この時、兄弟間の血縁度は½となる）、ESSとなる分散率が低下することを理解していただけよう。アブラムシのゴール間移動が利他的分散である以上、分散個体（利他者）と残留個体（受益者）の血縁度が高いほど、より容易にこの行動は進化しうることになるからだ。

ボタンヅルワタムシの短吻型《たんふんけい》幼虫が兵隊であるとわかった時から、私はずっと、二つの全く違ったものを追いかけているのだと思っていた。しかし、何のことはない。彼らは同じ利他行動という硬貨の裏表であった。私はハミルトンの掌の上を飛び回っていたのである。

再び野外《フィールド》へ

セッツァーのポプラエタマワタムシにおける幼虫のゴール間移動の発見によって、私は自説の正しさを確信した。しかし、ドロオオタマワタムシの分散型幼虫については、いくつかの未解決の問題が残っていた。

第一に、なぜ幹母《かんぼ》は分散型幼虫のほうを普通の幼虫よりも先に産むのだろうか。第二に、なぜ分散型幼虫は枝や葉柄などで吸汁していて、さっさと他のゴールに入らないのだろうか。第三に、普通の

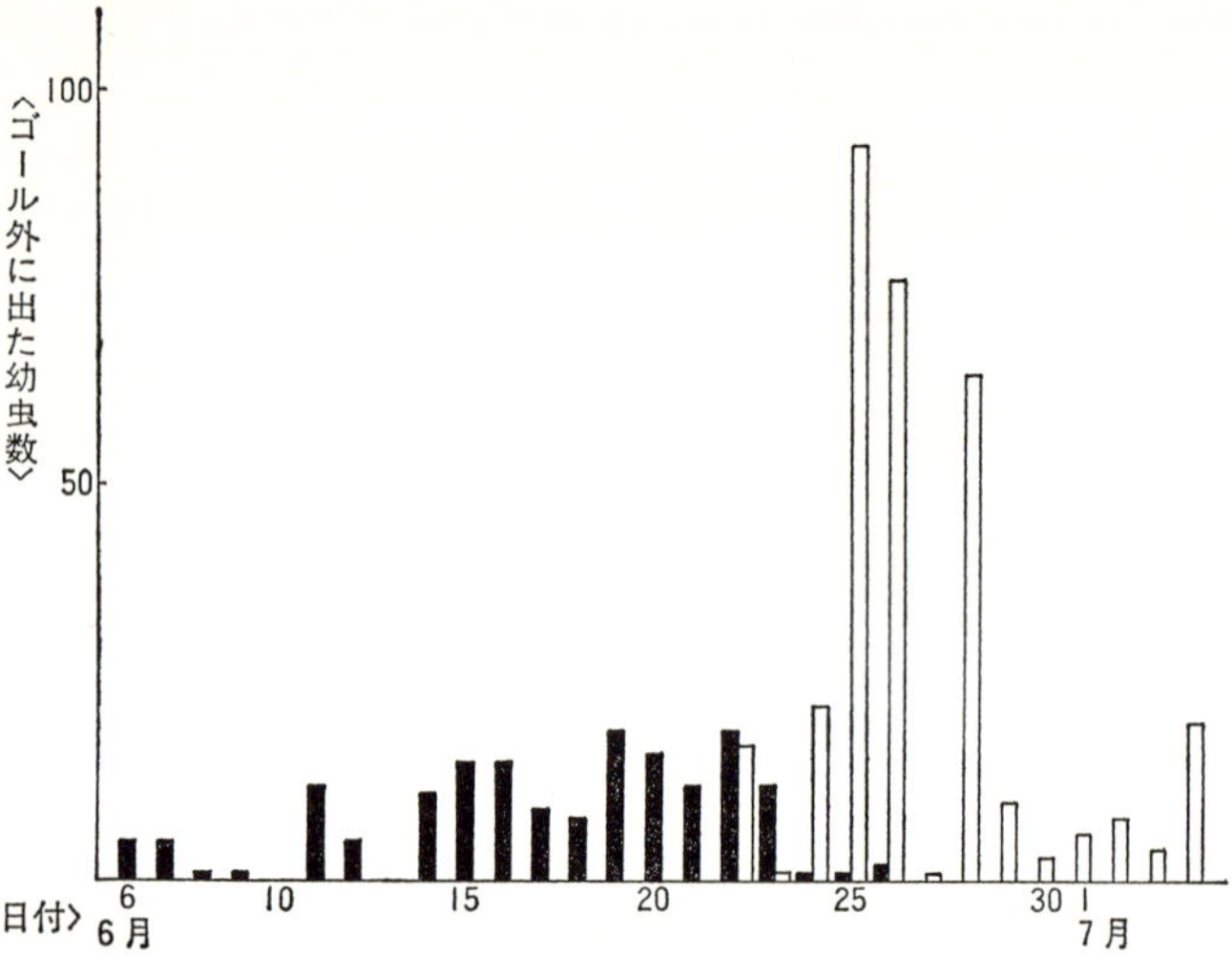

■図表62：ドロオオタマワタムシの分散個体の出現パターン（ゴール7909）。

幼虫もゴール間移動をするならば、なぜ、そもそも特別な分散型幼虫など出す必要があるのか。

これらのパズルは私を悩ませた。まだ、何かあるにちがいない。あるいは、ひょっとすると、私はとんでもない勘違いをしているのかもしれない。

一九七九年以降の私の関心は、これらの問題に向けられた。しかし、一九七九年はドロオオタマワタムシのゴールが少なかったので多くを望まず、発見した数少いゴールについて、幹母の生産する分散型幼虫の割合を押えておくことにした。調査方法は、ゴールのできたドロノキの葉の付近の枝にタングルフットを塗ることによって幼虫の移出をさまたげ、毎日、ゴール外へ出た幼虫を取り除きながら数えた。

捕食者は見つけ次第取り除いたのだけれども、計一二個のゴールは次々に捕食者の侵入を受け、有翅虫の出現まで無事であったのは七九〇九番の一個のみだった。**図表62**には、このゴールからの分散個体の出現パターンを示してある。黒の棒グラフは分散型一令幼虫数、白は普通の一令および二令以上の幼虫の個体数である。

予想通り、まず分散型幼虫が、六月六日に現われた。このゴール内で最初に普通の幼虫が観察されたのは六月一四日であるから、幹母が分散型幼虫のみを生産した期間は八日間ということになる（この期間、幹母が無事であった七個のゴールについては八〜一五日、平均九・四日であった）。

分散型幼虫の出現は六月二六日で終っている。六月二二日から、普通の幼虫がゴール外に現われはじめ、その数はやがて非常に多くなる。七月四日に最初の有翅虫が現われたので、ゴールを採集した。ゴールの中には五〇五個体の第二世代と（これには分散型幼虫は含まれていなかった）、四五個体の幼虫を体内に有した一四の幹母が入っていた。第二世代の総数は、幹母体内の幼虫を加え一〇四五で、ゴール外で得た分散型幼虫数は一六九であり、生産された分散型幼虫の割合は一六パーセントということになる。

晴れた日の調査は快適だが、曇天や小雨の日はなかなか大変である。ものすごい蚊の襲来があるのだ。ここの蚊は東京の蚊のようにずるくはないが、そのかわりに突攻精神が旺盛で、数に物を言わせて一気に襲いかかってくる。その痒さたるや絶え難いものである。以前は雨の日にはサボっていたが、この調査の場合、一日でも休んだら意味がなくなってしまう。そこで、雨の日には〝完全武装〟をすることにした。濃紺のカッパの上下に手袋をはいて、麦ワラ帽子をかぶり、さらにミツバチ用の黒い面布《めんぷ》をつける。観察は少々しづらいが、しかたがない。落ちついて調査できるということが重要なのだ。一度、このいでたちで山菜取りのおばさんに出くわしたが、びっくりしたような顔をしていた。

この年の調査では、かなりの数の普通の幼虫（一令ばかりでなく二令以上の個体も）が、ゴール間を移動することがわかった。これまで彼らの分散に気づかなかったのは、彼らが、分散型幼虫のように枝や葉柄などゴール外で吸汁することがないからである。記録された彼らのほとんどは、タングルフットにトラップされたものであった。それゆえ、彼らは、さっさと移動をすますものと考えられる。そして、もう一つの成果は、一例ながら、分散型幼虫の生産される時期と割合についての小ぎれいなデータをとることができたことである。

しかしこれらのデータは、前に述べた問題をより明確にしてくれただけだった。必要なのは仮説である。なぜ分散型幼虫が先に出るのか、なぜゴール外で遊んでいるのかを説明できる仮説である。

追い出し説

分散個体の出現時期については、ハミルトン＝メイのモデルは何も教えてはくれない。彼らのモデルの構造では、分散は、同時に、しかも一瞬に起こるものとして処理されている。しかし、実際のドロオオタマワタムシの幹母《かんぼ》は、一ケ月もの間、ちびちびと子供を産み続ける。このような状況では、最初から最後まで一定の割合で分散個体を出すのが有利なのか、あるいは最初に多数の分散個体を出すのが良いのか、それとも後期に分散個体を出す戦略がＥＳＳになるのだろうか。

この問題は難かしく、私はまだ明確な解答を出すことができないでいる。だが、この問題を考えているうちに、何やら分散型幼虫の振舞いを説明できそうなアイデアが生まれてきた。

私はこれまで、ドロオオタマワタムシの幹母は同種他個体のゴール侵入を防ぐことができないものと思い込んでいた。しかし、他のゴールからの幼虫の侵入を被るのが損失であるとすると、逆に、何らかの方法で侵入を防ぐことができれば、そのような幹母はポイントをかせぐことができるだろう。仮に、彼らがアリやアシナガバチのような〝利口な〟虫であったとしたら、巣ならぬゴールの臭いによって仲間と他人とを区別し、他所者を排除することもできるかもしれない。が、アブラムシには、まずそのような芸当はできまい。それに、もし余りに効果的に侵入を防げるということになってしまったら、分散個体を出すという戦略そのものが消えてしまうだろう。

ところが、ドロオオタマワタムシには、分散個体の侵入を防ぐことのできそうな期間があるのだ。この種の幹母は、産仔開始後最初の一週間ほどは、分散型幼虫だけしか生産しない。そして、それゆえこの期間には、ゴール内にアブラムシがたまらないことを前に述べた。

この期間の幹母にとって、ゴール内にいる第二世代の幼虫は自分の産んだ分散型幼虫であり、彼らはやがてゴールから出ていくはずである。もし、出ていかないような個体がいるとすれば、それは他のゴールからの侵入者であって、幹母の子供ではないことになる。とすれば、この時期の幹母は、いずれにしてもゴール内の第二世代をすべて追い出すのが有利な戦略となるだろう。

こう考えれば、分散型幼虫が枝や葉柄で吸汁していて、さっさと他のゴールへ入らない理由もうなずける。この時期のゴールに侵入しても、幹母に追い出されてしまうのだ。幹母は、第二世代の一令幼虫に比べれば非常に大きく（プレパラート標本で約四ミリ、一令幼虫の体長は一ミリに満たない）、戦っても問題になるまい。だからこそ、分散型幼虫は、ゴール内に通常の一令幼虫が出現し、第二世代のアブラムシがたまってその中に紛れ込むことができるようになるまで、ゴール外でじっと待っているのではないだろうか。

私がこの考えに到ったのは、一九八一年から牧野俊一君と一緒に始めたドロトサカワタムシの研究と関係があるかもしれない。アブラムシは利口ではないと書いたが、この種の幹母一令はずるいことをやる。まだできたての同種のゴールに侵入して先住者の幹母一令と激しく戦い、相手を殺して（もちろん殺される場合もある）ゴールを乗っ取るのだ。

ドロオオタマワタムシの幹母に私が要求しているのは、もっとずっと簡単なことである。ゴール内でぐずぐずしている一令幼虫を、巨大な体で追い立てればよいのだから。

幹母は、分散型幼虫だけを生産している間は、ゴール内のすべての幼虫を追い出すことによって他のゴールからの幼虫の侵入を防ぐことができる。この〝追い出し説〟の〝実証〟でこの本を終えることができたとしたら、私はずっと爽快であったろうと思う。

一九八〇年のドロオオタマワタムシはひどい不作だった。御神木の神通力も消え、観察可能な位置にはほとんどゴールを見つけることができなかった。

一九八一年にはやや回復し、再びゴールが目につくようになった。この年と翌一九八二年のシーズンには、幹母が分散型幼虫だけを生産する一週間ばかりの間に、何とか幹母の幼虫追い出し行動を見てやろうと頑張った。

それらしい行動は、あることはあった。幹母は、時々ゴールの中を興奮したかのように歩き回り、とばっちりを受けた中の幼虫は吸汁をやめてゴール外へ脱出した。しかし、この行動は気まぐれで、どのような時に引き起こされるのかわからなかったし、本当に幼虫を追い出すための行動であると言い切る自信はまだない。直接観察では駄目で、もっと何か巧妙な実験を工夫するしかないのだろう。

一九八二年の秋になって、私は関東にある私立大学の講師に内定したとの通知を受けた。何やら落ちつかない気分になった私は、これといった目的もないまま定鉄バスに乗った。

おだやかな天気だった。豊平川沿いのドロノキは、黄ばんだ葉をかすかに風に震わせていた。幹には、濃紺の体に白いワックスをまぶしたユキムシが、一匹、また一匹と、どこからともなく舞い戻ってくる。一匹を手に受けて、ルーペを取り出してのぞいてみる。ドロオオタマワタムシかもしれない。私は、勝手に彼らに宣戦を布告し、八年もの間戦っているような気がしていた。すると、今日は休戦を告げにでも来たのだろうか。いつものように、あたりには誰もいなかった。

* 分散型幼虫を出さないゴールは分散型幼虫の侵入を受けるから、正確には一〇〇点以下の得点しかあげることはできない。ただし、分散型幼虫を出すゴールが一個の時はこの損失はごくわずかなので、「ほぼ一〇〇点」とした。

** アブラムシの単為生殖においては相同染色体の対合は全く起こらず、母親の遺伝子型が正確に複製されるというのが定説である。しかし、イタリアのG・コグネッティは、単為生殖をするアブラムシにおいても相同染色体の対合が起こって遺伝的組換えが生ずるとし、これを endomeiosis と呼んだ。

Endomeiosis は自家受精と同じ効果をもたらし、母親のヘテロの遺伝子座は子供においてホモになる可能性がある。このため endomeiosis が生じていれば、アブラムシ母親の遺伝子型は正確には子供の遺伝子型と一致しない。おそらく、セッツァーの当初の関心は、ポプラエタマワタムシにおける endomeiosis の存否にあったものと思われる。ちなみに、コグネッティらによって endomeiosis が報告されたアブラムシの何種かについては、R・ブラックマンらが追試を行なっているが、否定的な結果に終っている。

*** ただし、彼らのモデルをそのまま当てはめると不都合が生ずる。というのは、この解釈では、分散終了後のアブラムシ数がどんなに少くても、彼らはゴール内の資源を使い切れるという仮定になっている。すなわち、通常一ゴールで一〇〇個体ほどの第二世代の有翅虫を生産している種において、分散終了後のゴー

ル内に二匹の幼虫しかいなかったとすれば、各幼虫は通常の五〇倍の重量を持った有翅虫になることになってしまう。

これは極端な例だが、一個体の幼虫の使う資源の量には当然上限があるはずだ。この点を考慮したモデルを、前掲の『生物科学』の論文に示しておいた。

幹母はゴール内の総資源Rを使い切れるだけの数（その最小値をaとする）の子供を生産できない時は、分散個体を全く出さない。また、生産できてもその数がさほどaを上回らない時は、ESSとなる分散率はハミルトン＝メイの式から予測される値よりも小さくなり、$v^*=(1-a/m)/(1-p)$で与えられる。これは分散終了後の各生息場所の幼虫数kが、ちょうどaとなる分散率である。したがって、幹母の産仔数mからaを差し引いた個体数を分散させる戦略（余分な個体だけを分散させる戦略）が、必ずしもESSではないことに注意されたい。

●あとがき

私が兵隊アブラムシの研究を始めたのが一九七五年であるから、もうすぐ十年が経とうとしている。いわゆるO・D《オーバードクター》の時代に、私は本書のような構想で本を書いてみたいと思っていた。これには、職を得るための自己宣伝という動機もあったかもしれない。が、それよりも、研究をあきらめねばならなくなる前に、一般の人々に対しても、何かを訴えておきたかったのである。

幸い私は、研究を続けることができるような職に就くことができた。そして、新しい職場でこの本を書いた。もし、O・D時代に書いていたとしたら、もっと迫力を出せたかもしれない。しかし、現在の私は、過度の思い入れを抑えることができたことに満足している。

本書は、アブラムシ社会の紹介を目指したものである。そして、それと共に、私の研究歴ともなっている。私は、短吻型幼虫や分散型幼虫の存在を説明するためにひねり出した諸仮説を提示しておいた。そのうち、心理的な起源のわかっているものについては、それをも記した。そうしたほうが、研究者のやり方というものを理解していただけるだろうし、面白かろうと思ったからだ。

『思考のパラダイム』の著者であるジュリアンヌ・フォードは、仮説構築の手続きを語ることを、よごれた下着を見せることにたとえている。しかし、これは女性であるジュリアンヌの偏見であろう。

むしろ、私が心配なのは、無意識のうちに下着を洗濯してしまったのではないかということである。私はずっとアイデア・ノートをつけていて(現在では、本書を書くために中断しているが)、そのおかげで、自分の思考の跡をたどることができた。しかし、それでもなお、不確実な記憶にたよらざるを得なかったところがあるのも事実である。科学者の自己言及が百パーセント信用できるものではないということは、科学史家にとっては常識であるそうだ。

本書は書き下ろしではあるが、内容の一部に、すでに発表した以下の論文と重複があることをお断りしておく。第一章：「〝兵隊〟をもったアブラムシ」（一九七八年）、インセクタリゥム一五巻四月号。第四章：「兵隊アブラムシの発見」（一九八〇年）、自然三五巻九月号。「兵隊アブラムシと社会生物学」（一九八三年）、科学五三巻九月号。第五章：「アブラムシのゴール間移動とハミルトン＝メイの分散モデル」（一九八〇年）、生物科学三二巻三号。「血縁選択説から見たアブラムシの生活史」（一九八一年）、生物科学三三巻二号。

この本を出版するにあたっては、多くの方々のお世話になった。とくに、大原賢二さんは未発表の写真を貸してくださった上、私信の引用をこころよく許可してくれた。さらに、私は彼のジョークを一つ剽窃している。山根正気君は鍾さんの写真を、木内信君は人刺しアブラムシのゴールの写真を、そして塚口茂彦さんはヨッボシクサカゲロウの写真を提供してくださった。妻の詩子はボタンヅルの挿絵を、本書のために書いてくれた。また、佐々治寛之、大原賢二、吉安裕、宮崎昌久、宗林正人、高橋富（高橋良一博士令夫人）の諸氏には、図や写真の転載をお許しいただいた。

どうぶつ社の久木亮一さんは、本書の原稿にていねいに目を通して、誤まりと多くのあいまいな表現を指摘してくださった。妻もいくつかの欠陥を見つけてくれた。もちろん、これらの指摘すべてに従ったわけではなく、内容に不備があれば私の責任である。

本文中に登場する諸氏を始め、私は研究の面で実にたくさんの方々のお世話になった。その人達にも御礼を述べたいが、そうすると本書の値段をつり上げることになってしまう。それゆえ、非礼ながら、一件だけに限らせていただきたい。

本書で述べた研究の一部は、文部省特定研究「生物の適応戦略と社会構造」科学研究費補助金を受けて行なった。

ハ行
ハキオビヒラタアブ *Metasyrphus hakiensis*
ハクウンボク *Styrax obassia*
ハクウンボクハナフシアブラムシ *Astegopteryx styraci*
ヒエツノアブラムシ *Pseudoregma panicola*
ヒラタアブラムシ亜科 Hormaphidinae
ホウライチク *Bambusa multiplex*
ホウライチク属 *Bambusa*
ボタンヅル *Clematis apiifolia*
ボタンヅルワタムシ *Colophina clematis*
ボタンヅルワタムシ属 *Colophina*
ポプラ *Populus nigra*
ポプラエタマワタムシ* *Pemphigus populitransversus*
マ行
マエウスジロマダラメイガ* *Cryptoblabes aphidivora*
マチク *Dendrocalamus latiflorus*
マチク属 *Dendrocalamus*
モンクロシャチホコ *Phalera flavescens*
ヤ行
ヨコジマオオヒラタアブ *Dideoides latus*
ヨツボシクサカゲロウ *Chrysopa septempunctata*

*本書で新たに使用した和名。

ケヤキワタムシ *Hemipodaphis persimilis*
ゴイシシジミ *Taraka hamada*
コウシュンツノアブラムシ *Pseudoregma koshunensis*
コナフキツノアブラ属 *Ceratovacuna*
サ行
ササガヤ *Eulalia borealis*
ササガヤコナフキツノアブラムシ* *Ceratovacuna* sp.
ササコナフキツノアブラムシ *Ceratovacuna japonica*
サトウキビ *Saccharum officinarum*
ジャムリッツエゴアブラムシ *Astegopteryx jamuritsu*
ショウガ科 Zingiberaceae
ススキ *Miscanthus sinensis*
センニンソウ *Clematis terniflora*
センニンソウ属 *Clematis*
センニンソウワタムシ* *Colophina clematicola*
タ行
タイワンオオヒメテントウ* *Pseudoscymnus amplus*
タイワンオオヒラタアブ *Metasyrphus confrater*
タケツノアブラムシ *Pseudoregma bambucicola*
タケノヒメツノアブラムシ *Astegopteryx bambucifoliae*
タマワタムシ亜科 Pemphiginae
タマワタムシ属 *Pemphigus*
チヂミザサ *Oplismenus undulatifolius*
ツノアブラ属 *Pseudoregma*
ツマキヒラタアブ *Dideoides coquilletti*
ドロエダタマワタムシ *Pemphigus dorocola*
ドロオオタマワタムシ *Pachypappa marsupialis*
ドロトサカワタムシ *Epipemphigus niisimae*
ドロノキ *Populus maximowiczii*
ドロハタマワタムシ *Pemphigus matsumurai*
ナ行
ニレ科 Ulmaceae
ヌルデ *Rhus javanica*
ヌルデシロアブラムシ *Schlechtendalia chinensis*

動植物の学名

ア行

アシボソ *Eulalia viminea*

アズマネザサ *Pleioblastus chino*

アブラムシ上科 Aphidoidea

アレクサンダーツノアブラムシ *Pseudoregma alexanderi*

イネ科 Gramineae

ウラジロエゴノキ *Styrax suberifolia*

ウラジロエゴノキアブラムシ *Astegopteryx styracicola*

エゴアブラ属 *Astegopteryx*

エゴノキ *Styrax japonica*

エゴノキ属 *Styrax*

エゴノネコアシアブラムシ *Ceratovacuna nekoashi*

エゴノフトアシアブラムシ *Pseudoregma shitosanensis*

エゴノホソアシアブラムシ *Astegopteryx sasakii*

オオテントウ *Synonycha grandis*

オオヒメテントウ *Pseudoscymnus pilicrepus*

カ行

カオマダラクサカゲロウ *Anisochrysa boninensis*

カタアブラ族 Cerataphidini

ガマズミ *Viburnum dilatatum*

カラマツソウ属 *Thalictrum*

カンシャワタムシ *Ceratovacuna lanigera*

キツネノボタン *Ranunculus quelpaertensis*

キンポウゲ科 Ranunculaceae

クサボタン *Clematis stans*

クサボタンワタムシ *Colophina arma*

クシケアリ *Myrmica* sp.

クロオオアリ *Camponotus japonicus*

クロヤマアリ *Formica japonica*

ケヤキ *Zelkova serrata*

ケヤキヒトスジワタムシ *Paracolopha moriokaensis*

●**前社会性アブラムシ**：不妊カストは持たないが，攻撃性を有する個体を持つアブラムシ。

●**単為生殖**(たんいせいしょく)：メスが単独で新個体を生ずる生殖法。

●**短吻型幼虫**(たんふんけいようちゅう)：ボタンヅルワタムシの前・中脚が発達した，口吻（こうふん）の短い1令幼虫。

●**特殊化した捕食者**：アブラムシの攻撃性が選択圧となって，対抗戦略を進化させてきた捕食者。

●**二次寄主**：その上では有性生殖が行なわれない寄主植物。

●**蹠節**(ふせつ)：脚の末端節。ツメを備える。

●**分散型幼虫**：ドロオオタマワタムシのゴール外へ出る特殊な形態をした1令幼虫。

●**兵隊**：外敵に対する攻撃性があり，形態も対応する令期の普通の幼虫とは異なっている幼虫。不妊で，それ以上脱皮・生長しない。

●**母ゴール**：あるアブラムシにとって，それが生まれたゴール。

●**無翅虫**(むしちゅう)：翅(はね)のないアブラムシ。無翅成虫のこと。

●**有翅虫**(ゆうしちゅう)：翅（はね）のあるアブラムシ成虫。

●**有性世代**：有性生殖をするオスとメス。

●**ワックス・プレート**：ロウ腺板。アブラムシの体表にある，ワックスを分泌する腺が集まってできたプレート。

用語の説明

●**足振り行動**：驚されるとアブラムシがいっせいに足をバタつかせる行動。ツノアブラムシなどに見られる。

●**一次寄主**：その上で有性生殖が行なわれる寄主植物。

●**一般的捕食者**：いろいろなアブラムシを食べる捕食者。

●**角状管**(かくじょうかん)：アブラムシの腹部背面に開口した1対の器官。ワタアブラムシ亜科，ヒラタアブラムシ亜科では小孔状。種類によっては細長い管状になるものがあり，この名がある。

●**カニムシ型幼虫**：前脚あるいは前・中脚の肥大した幼虫。

●**空ゴール**：幹母（かんぼ）が第2世代の幼虫を産む前に死亡したゴール。

●**幹母**(かんぼ)：受精卵由来のアブラムシの第1世代。

●**眼瘤**(がんりゅう)：3個の個眼によって形成されるアブラムシの眼。

●**甘露**(かんろ)：糖分を豊富に含んだアブラムシの排泄物。

●**甘露球**：甘露がワックスでコーティングされ，小球状になったもの。

●**キチン板**：アブラムシの体表で，局部的にキチン化が強くなった部分。

●**クローン**：遺伝子型の全く同じ個体の集合。

●**口針**(こうしん)：口吻（こうふん）の中におさまっている細いストロー状の管。吸汁に際して，これが植物体の中に挿入される。

●**口吻**(こうふん)：アブラムシの吻状になった口器。口吻の本体が植物体中に挿入されることはない。

●**ゴール**：虫癭（ちゅうえい），虫瘤（むしこぶ）のこと。アブラムシからの刺激によって，植物が，アブラムシを包み込むように変形したもの。

●**コロニー**：アブラムシの集団。

●**産性虫**(さんせいちゅう)：有性世代を産む個体のこと。

●**受精卵**：有性世代のメスがオスと交尾して産む卵。越冬し，翌年の幹母（かんぼ）となる。

●**真社会性アブラムシ**：兵隊など，不妊カストの分化したアブラムシ。

●**頭突き行動**：ツノアブラムシに見られる，同種他個体をツノで突く行動。

索引

●人名

●事項

●復刻によせて

『兵隊を持ったアブラムシ』は、それまで無抵抗な昆虫と思われていたアブラムシに「兵隊」を見出した発見譚を綴った書である。発見がなされた時代、一九七〇年代の後半から八〇年代にかけては、「社会生物学論争」の時代であり、不妊の兵隊に見られるような「利他行動」の進化の問題が進化生物学者の関心を引きつけた時期でもあった。それまで、ハチやアリ（膜翅目）とシロアリ（等翅目）でしか知られていなかった不妊カーストが、アブラムシに続いて、アザミウマやナガキクイムシ、テッポウエビ、ハダカデバネズミなど、意外なグループから見出されていった。

本書の著者はカール・ポパーの影響を受け、かつ社会生物学の思考法に色濃く染まったナチュラリストであり、「兵隊」の発見の他に、アブラムシの幼虫が自分の産まれたゴール（虫こぶ、虫癭）を去り、同種の他のゴールの中に侵入して育つという「ゴール間移動」をも発見する。そして、この行動も兵隊の自己犠牲的な攻撃と同じく利他行動であることに気づくところで本書は終わる。

原稿執筆からちょうど三〇年たった現在、大筋を訂正する必要がないのは（たぶん）喜ばしいことである。もちろん、研究の進展に伴い、学名の変更など、正確を期すためにはアップデートしなければならない箇所もある。しかし、前版（新装版）をリプリントするという方針に従ったため果たせなかった。ご容赦、ご留意いただきたい。

この三〇年間に、私より若く優秀な研究者が兵隊アブラムシの研究に参入してくださった結果、第二章と第三章で扱ったツノアブラムシの兵隊の研究が飛躍的に進展した。第三章のタイトルとなった「人を刺すアブラムシ」（ウラジロエゴノキアブラムシ）の生活史も明らかになったし、兵隊が口針から外敵に注入する毒の主成分が解明された種もある。兵隊が甘露や脱皮殻、死体などをゴール外に捨てるという「労働」もあたりまえの事実となった。また、他のグループではあるが、体液を用いてゴールを修復するアブラムシまで見つかった。外敵を攻撃する習性を備えたアブラムシはヨーロッパや北米でも見出され、総数は現時点で約八〇種となり、一〇〇種を超えるのはまずまちがいない。第五章で扱われているアブラムシ幼虫のゴール間移動については、DNA解析技術の普及とあいまって、ドロオオタマワタムシ以外の種類でも確認された。とくに、ウラジロエゴノキアブラムシなどでは、ゴールを守る兵隊が同種個体の侵入をもある程度防いでいるという証拠が得られて、本書で扱った二つの利他行動の相互作用ないしは共進化がその後の私の研究テーマとなった。

一九八六年の夏に来日したW・D・ハミルトン博士にお会いできることになるとは、本書執筆時には思ってもいなかったことの一つである。ドロオオタマワタムシの分散型幼虫が普通の幼虫より先に生産されることにずっと興味を持っていてくださったようで、質問を受けた。本書の最後に出てくる「母親による追い出し説」を稚拙な英語で説明したところ、数秒というか瞬間的に理解・納得してくださったことを思い出す。ちょうど、ハミルトン博士の半世紀の誕生日を、湘南海岸のレストランで花火を見ながら共に祝うことになった日だった。

復刻に際し読みなおしたところ、私の嗜好も価値観も、変化したことに改めて気づく。現在の自分なら決してこのようには書けなかっただろう。記憶も劣化するから、三〇年前に執筆・出版できたことは幸運だったと思う。当時、出版を企画・担当してくださった久木亮一さんには感謝している。また、インターネット上で本書の復刻を応援してくださった方々には、心からお礼を申し上げます。

二〇一三年九月

青木　重幸

著者紹介

青木　重幸（あおき・しげゆき）

1950年神奈川県生まれ。北海道大学農学部卒業。現在、立正大学経済学部教授（生物学）。農学博士。

兵隊を持ったアブラムシ

平成25年10月30日　発　行

著作者　青　木　重　幸

発行者　池　田　和　博

発行所　丸善出版株式会社

〒101-0051　東京都千代田区神田神保町二丁目17番

編集：電話(03)3512-3265／FAX(03)3512-3272

営業：電話(03)3512-3256／FAX(03)3512-3270

http://pub.maruzen.co.jp/

印刷・製本／藤原印刷株式会社

装幀／戸田ツトム＋山下響子

ISBN 978-4-621-08792-3　C0045　Printed in Japan

本書は、1987年6月にどうぶつ社より出版された同名書籍（新装版）を再出版したものです。